1日

7級の復習テスト(1)

1 計算をしなさい。(1つ5点)

① 12 億(おく)+8 億

★② 5600 億+4400 億

③ 200 億−160 億

★④ 1 兆(ちょう)−6000 億

⑤ 8 億×10

500 億×100

⑦ 1 億÷10

30 兆÷100

★⑨ 6000 億×5

⑩ 480 億÷80

★2 たし算をしなさい。(1つ5点)

① $\begin{array}{r} 48065 \\ +59738 \\ \hline \end{array}$

② $\begin{array}{r} 73284 \\ +64957 \\ \hline \end{array}$

③ $\begin{array}{r} 84963 \\ +95789 \\ \hline \end{array}$

3 かけ算をしなさい。(①5点, ②〜⑥1つ6点)

① $\begin{array}{r} 188 \\ \times 176 \\ \hline \end{array}$

② $\begin{array}{r} 469 \\ \times 728 \\ \hline \end{array}$

★③ $\begin{array}{r} 7853 \\ \times \quad 69 \\ \hline \end{array}$

★④ $\begin{array}{r} 2467 \\ \times \quad 325 \\ \hline \end{array}$

⑤ $\begin{array}{r} 250 \\ \times 4800 \\ \hline \end{array}$

⑥ $\begin{array}{r} 840 \\ \times 686 \\ \hline \end{array}$

7級の復習テスト(2)

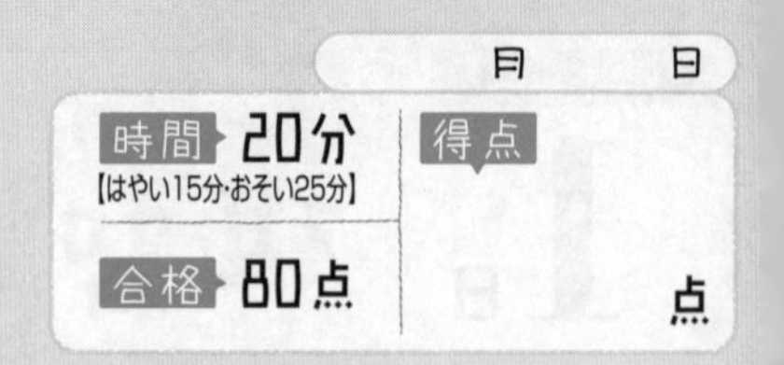

1 わり算をしなさい。(①〜④1つ7点，⑤⑥1つ8点)

① $76\overline{)744}$

② $28\overline{)952}$

★③ $85\overline{)6460}$

★④ $19\overline{)3705}$

★⑤ $184\overline{)7469}$

★⑥ $877\overline{)47358}$

2 計算をしなさい。(1つ7点)

① $1000-(350+450)$

★② $2774\div(28+45)$

③ $900-29\times28$

④ $314\times48-314\times38$

3 □にあてはまる数を求(もと)めなさい。(1つ7点)

① $48+\square=156$

② $200-\square=94$

★③ $36\times\square=3024$

④ $\square\div84=72$

2日 7級の復習テスト(3)

月　日

時間 20分【はやい15分・おそい25分】 得点

合格 80点 　点

1 計算をしなさい。(1つ5点)

① 24兆+17兆　② 610億+95億

③ 1億−4000万　④ 820兆−370兆

⑤ 19兆×10　⑥ 40億×100

⑦ 60億÷10　⑧ 70兆÷100

★⑨ 80億×7　★⑩ 200兆÷8

★**2** たし算をしなさい。(1つ5点)

① $\begin{array}{r} 16382 \\ +38659 \\ \hline \end{array}$　② $\begin{array}{r} 53907 \\ +67485 \\ \hline \end{array}$　③ $\begin{array}{r} 46153 \\ +73968 \\ \hline \end{array}$

3 かけ算をしなさい。(①5点，②〜⑥1つ6点)

① $\begin{array}{r} 204 \\ \times 436 \\ \hline \end{array}$　② $\begin{array}{r} 567 \\ \times 615 \\ \hline \end{array}$　★③ $\begin{array}{r} 9263 \\ \times \quad 7 \\ \hline \end{array}$

★④ $\begin{array}{r} 7528 \\ \times \ 832 \\ \hline \end{array}$　⑤ $\begin{array}{r} 3600 \\ \times 670 \\ \hline \end{array}$　⑥ $\begin{array}{r} 495 \\ \times \ 830 \\ \hline \end{array}$

7級の復習テスト(4)

1 わり算をしなさい。(1つ7点)

① $6\overline{)475}$

② $32\overline{)893}$

③ $12\overline{)99}$

④ $71\overline{)568}$

★⑤ $38\overline{)2356}$

★⑥ $631\overline{)8203}$

2 計算をしなさい。(1つ7点)

① $52-45\div9$

② $38\times(173-56)$

★③ $4680\div(139-67)$

④ $26\times823+74\times823$

3 □にあてはまる数を求(もと)めなさい。(1つ6点)

① □$+17=103$

② □$-81=236$

③ $482-$□$=284$

④ □$\times72=1296$

★⑤ $8091\div$□$=93$

3日 分母が同じ帯分数のたし算

$1\frac{3}{5}+2\frac{4}{5}$ の計算

計算のしかた

$1\frac{3}{5}+2\frac{4}{5}$

❶ 整数部分と分数部分に分ける

$=(1+2)+\left(\frac{3}{5}+\frac{4}{5}\right)$

❷ 整数の計算，分数の計算をする

$=3+\frac{7}{5}$

❸ 整数部分の和と分数部分の和を合わせる

$=3\frac{7}{5}$

❹ 帯分数に直す

$=4\frac{2}{5}$

□をうめて，計算のしかたを覚えよう。

❶ 整数部分の計算 1＋①□ と，分数部分の計算 $\frac{3}{5}$＋②□ に分けます。

❷ 1＋2＝③□，$\frac{3}{5}+\frac{4}{5}=\frac{④□}{5}$ になります。

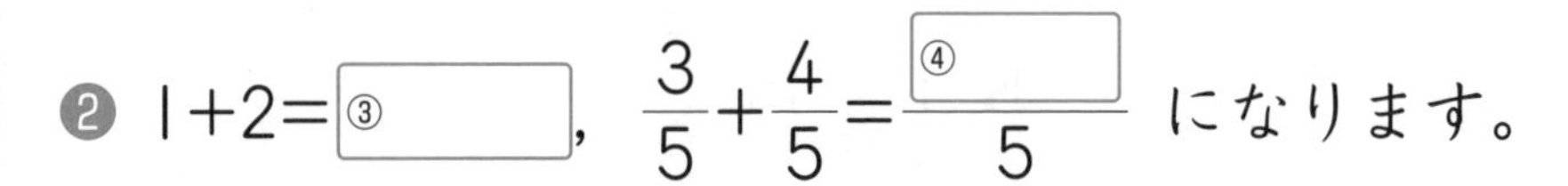

❸ 整数部分の和と分数部分の和を合わせると，

③□＋$\frac{④□}{5}=3\frac{7}{5}$

❹ $\frac{7}{5}=1\frac{⑤□}{5}$ だから，答えは $3\frac{7}{5}$＝⑥□$\frac{2}{5}$ になります。

覚えよう 帯分数(たいぶんすう)のたし算は，整数部分と分数部分に分けて，それぞれを計算します。答えが仮分数(かぶんすう)になるときは，帯分数に直します。

計算してみよう

時間 20分【はやい15分・おそい25分】
合格 16個
正答 ／20個

1 たし算をしなさい。

① $\frac{1}{3}+1\frac{1}{3}$

② $1\frac{1}{5}+\frac{3}{5}$

③ $\frac{2}{7}+2\frac{4}{7}$

④ $3\frac{5}{9}+\frac{2}{9}$

⑤ $\frac{3}{5}+1\frac{4}{5}$

⑥ $2\frac{5}{6}+\frac{3}{6}$

⑦ $\frac{7}{8}+3\frac{5}{8}$

⑧ $1\frac{8}{9}+\frac{8}{9}$

⑨ $\frac{3}{5}+2$

⑩ $2\frac{6}{7}+4$

⑪ $1+\frac{3}{4}$

⑫ $5+3\frac{3}{8}$

⑬ $1\frac{1}{2}+1\frac{1}{2}$

⑭ $1\frac{3}{8}+2\frac{5}{8}$

⑮ $2\frac{5}{7}+1\frac{6}{7}$

⑯ $3\frac{4}{10}+1\frac{9}{10}$

⑰ $3\frac{6}{9}+3\frac{7}{9}$

⑱ $4\frac{7}{8}+3\frac{7}{8}$

⑲ $2\frac{4}{6}+4\frac{5}{6}$

⑳ $5\frac{6}{7}+1\frac{4}{7}$

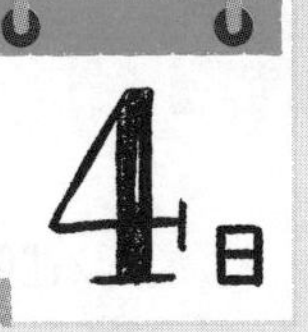

月　日

4日 分母が同じ帯分数のひき算

$3\frac{2}{7}-1\frac{5}{7}$ の計算

計算のしかた

$$3\frac{2}{7}-1\frac{5}{7}$$

❶ $=2\frac{9}{7}-1\frac{5}{7}$　　$\frac{2}{7}-\frac{5}{7}$ の計算ができないので，$3\frac{2}{7}$ を $2\frac{9}{7}$ に直す

❷ $=(2-1)+\left(\frac{9}{7}-\frac{5}{7}\right)$　　整数部分と分数部分に分ける

❸ $=1+\frac{4}{7}$　　整数部分の差と分数部分の差を合わせる

❹ $=1\frac{4}{7}$

□をうめて，計算のしかたを覚えよう。

❶ $\frac{2}{7}$ から $\frac{5}{7}$ はひけないので，$3\frac{2}{7}$ を $2\frac{①}{7}$ に直します。

❷ 整数部分の計算 2−② と，分数部分の計算 $\frac{9}{7}-$③ に分けます。

❸ 2−1=④，$\frac{9}{7}-\frac{5}{7}=$⑤ になります。

❹ 答えは，④＋⑤＝⑥ になります。

覚えよう　帯分数（たいぶんすう）のひき算は，整数部分と分数部分に分けて計算します。分数部分の計算ができないときは，ひかれる分数を仮分数（かぶんすう）に直します。

計算してみよう

月　日

時間 20分【はやい15分・おそい25分】
合格 16個
正答 ／20個

1 ひき算をしなさい。

① $3\frac{7}{8}-\frac{6}{8}$

② $2\frac{3}{4}-\frac{2}{4}$

③ $5\frac{1}{9}-3$

④ $4\frac{1}{2}-1$

⑤ $3\frac{2}{3}-1\frac{1}{3}$

⑥ $6\frac{6}{7}-2\frac{3}{7}$

⑦ $5\frac{8}{10}-2\frac{5}{10}$

⑧ $4\frac{7}{9}-3\frac{5}{9}$

⑨ $1\frac{1}{4}-\frac{2}{4}$

⑩ $1\frac{2}{8}-\frac{3}{8}$

⑪ $1\frac{2}{9}-\frac{6}{9}$

⑫ $1\frac{2}{5}-\frac{4}{5}$

⑬ $3-\frac{1}{2}$

⑭ $5-2\frac{3}{5}$

⑮ $2\frac{1}{5}-\frac{4}{5}$

⑯ $3\frac{3}{7}-\frac{6}{7}$

⑰ $2\frac{2}{4}-1\frac{3}{4}$

⑱ $4\frac{2}{6}-2\frac{4}{6}$

⑲ $6\frac{2}{8}-3\frac{5}{8}$

⑳ $7\frac{4}{10}-3\frac{5}{10}$

5日

復習テスト(1)

月　日

時間 20分【はやい15分・おそい25分】

合格 80点

得点　点

1 たし算をしなさい。(1つ5点)

① $1\frac{2}{7}+\frac{4}{7}$

② $\frac{5}{9}+1\frac{3}{9}$

③ $2+\frac{2}{3}$

④ $1\frac{1}{5}+3$

⑤ $1\frac{1}{4}+2\frac{2}{4}$

⑥ $2\frac{3}{7}+3\frac{2}{7}$

⑦ $3\frac{2}{5}+2\frac{3}{5}$

⑧ $1\frac{3}{4}+\frac{2}{4}$

⑨ $2\frac{7}{8}+1\frac{6}{8}$

⑩ $3\frac{8}{10}+4\frac{7}{10}$

2 ひき算をしなさい。(1つ5点)

① $4\frac{2}{4}-1\frac{1}{4}$

② $6\frac{5}{7}-3\frac{3}{7}$

③ $2\frac{9}{10}-\frac{1}{10}$

④ $4\frac{2}{3}-2$

⑤ $1\frac{2}{6}-\frac{5}{6}$

⑥ $5\frac{1}{8}-\frac{6}{8}$

⑦ $2-\frac{2}{3}$

⑧ $6-5\frac{1}{9}$

⑨ $2\frac{2}{5}-1\frac{4}{5}$

⑩ $5\frac{3}{10}-2\frac{7}{10}$

復習テスト(2)

月　日

時間 20分 【はやい15分・おそい25分】
合格 80点
得点　点

1 たし算をしなさい。(1つ5点)

① $\frac{3}{4}+2\frac{1}{4}$

② $\frac{2}{7}+1\frac{3}{7}$

③ $2+\frac{5}{6}$

④ $1\frac{1}{3}+1\frac{2}{3}$

⑤ $\frac{1}{8}+1\frac{5}{8}$

⑥ $1\frac{5}{9}+\frac{8}{9}$

⑦ $\frac{6}{9}+3\frac{8}{9}$

⑧ $3\frac{5}{6}+2\frac{1}{6}$

⑨ $3\frac{4}{5}+\frac{2}{5}$

⑩ $4\frac{7}{10}+4\frac{6}{10}$

2 ひき算をしなさい。(1つ5点)

① $3\frac{6}{7}-1\frac{5}{7}$

② $3\frac{8}{9}-\frac{4}{9}$

③ $6\frac{1}{4}-2$

④ $2\frac{1}{8}-\frac{7}{8}$

⑤ $4-\frac{1}{3}$

⑥ $3\frac{2}{9}-\frac{4}{9}$

⑦ $2\frac{3}{8}-\frac{5}{8}$

⑧ $3-1\frac{1}{4}$

⑨ $5\frac{1}{10}-\frac{4}{10}$

⑩ $6\frac{3}{7}-3\frac{4}{7}$

月　日

小数のたし算の筆算

0.074+0.726 の筆算

計算のしかた

❶ $\frac{1}{1000}$ の位の計算をする

$$\begin{array}{r} 0.074 \\ +0.726 \\ \hline 0 \end{array}$$

→

❷ $\frac{1}{100}$ の位の計算をする

$$\begin{array}{r} 0.074 \\ +0.726 \\ \hline 00 \end{array}$$

→

❸ $\frac{1}{10}$ の位の計算をする

$$\begin{array}{r} 0.074 \\ +0.726 \\ \hline 800 \end{array}$$

→

❹ 一の位の計算をする

$$\begin{array}{r} 0.074 \\ +0.726 \\ \hline 0.800 \end{array}$$

最後の0は消す

□をうめて，計算のしかたを覚えよう。

❶ $\frac{1}{1000}$ の位（くらい）の計算をします。4+6=①□ より，$\frac{1}{1000}$ の位に②□を書き，くり上がった1を $\frac{1}{100}$ の位に小さく書きます。

❷ $\frac{1}{100}$ の位の計算をします。1+7+2=③□ より，$\frac{1}{100}$ の位に④□を書き，くり上がった1を $\frac{1}{10}$ の位に小さく書きます。

❸ $\frac{1}{10}$ の位の計算をします。1+7=⑤□ より，$\frac{1}{10}$ の位に⑤□を書きます。

❹ 一の位の計算 0+0=⑥□ をして，$\frac{1}{100}$ の位と $\frac{1}{1000}$ の位の⑦□を消し，小数点をうって，答えを⑧□とします。

覚えよう　答えが 0.800 や 23.0 のように最後（さいご）が0になるときは，これらの位の0を消して，0.8 や 23 のように表します。

計算してみよう

時間 20分【はやい15分・おそい25分】
合格 16個
正答 /20個

1 たし算をしなさい。

① $\begin{array}{r} 2.34 \\ +5.12 \\ \hline \end{array}$

② $\begin{array}{r} 4.36 \\ +1.54 \\ \hline \end{array}$

③ $\begin{array}{r} 5.13 \\ +2.91 \\ \hline \end{array}$

④ $\begin{array}{r} 4.06 \\ +0.98 \\ \hline \end{array}$

⑤ $\begin{array}{r} 7.14 \\ +0.89 \\ \hline \end{array}$

⑥ $\begin{array}{r} 3.07 \\ +2.05 \\ \hline \end{array}$

⑦ $\begin{array}{r} 3.45 \\ +1.86 \\ \hline \end{array}$

⑧ $\begin{array}{r} 6.59 \\ +2.38 \\ \hline \end{array}$

⑨ $\begin{array}{r} 9.73 \\ +9.46 \\ \hline \end{array}$

⑩ $\begin{array}{r} 0.001 \\ +0.009 \\ \hline \end{array}$

⑪ $\begin{array}{r} 0.074 \\ +0.826 \\ \hline \end{array}$

⑫ $\begin{array}{r} 0.355 \\ +0.645 \\ \hline \end{array}$

⑬ $\begin{array}{r} 0.094 \\ +0.086 \\ \hline \end{array}$

⑭ $\begin{array}{r} 0.907 \\ +1.395 \\ \hline \end{array}$

⑮ $\begin{array}{r} 4.583 \\ +1.472 \\ \hline \end{array}$

⑯ $\begin{array}{r} 3.294 \\ +5.783 \\ \hline \end{array}$

⑰ $\begin{array}{r} 9.589 \\ +8.976 \\ \hline \end{array}$

⑱ $\begin{array}{l} 2.74 \\ +0.365 \\ \hline \end{array}$

★⑲ $\begin{array}{ll} & 14.85 \\ + & 0.556 \\ \hline \end{array}$

★⑳ $\begin{array}{ll} & 27.96 \\ + & 2.041 \\ \hline \end{array}$

月　日

小数のひき算の筆算

1.263−0.846 の筆算

計算のしかた

❶ $\frac{1}{1000}$ の位の計算をする
❷ $\frac{1}{100}$ の位の計算をする
❸ $\frac{1}{10}$ の位の計算をする
❹ 一の位の計算をする

$$1.263-0.846 \rightarrow \cdots 7 \rightarrow \cdots 17 \rightarrow \cdots 417 \rightarrow 0.417$$

□をうめて，計算のしかたを覚えよう。

❶ $\frac{1}{1000}$ の位（くらい）の計算をします。3から6はひけないので，$\frac{1}{100}$ の位から1くり下げます。13−6=①□ より，$\frac{1}{1000}$ の位に①□を書きます。

❷ $\frac{1}{100}$ の位の計算をします。5−4=②□ より，$\frac{1}{100}$ の位に②□を書きます。

❸ $\frac{1}{10}$ の位の計算をします。2から8はひけないので，一の位から1くり下げます。12−8=③□ より，$\frac{1}{10}$ の位に③□を書きます。

❹ 一の位の計算をします。④□−0=⑤□ より，小数点をうって，答えを⑥□とします。

覚えよう　筆算では，下の位から上の位へ順（じゅん）に計算していきます。くり下がりや，答えの小数点をわすれないように注意します。

月　日

計算してみよう

時間 20分【はやい15分・おそい25分】
合格 16個
正答 ／20個

1 ひき算をしなさい。

① $\begin{array}{r} 6.75 \\ -2.14 \\ \hline \end{array}$

② $\begin{array}{r} 4.63 \\ -2.23 \\ \hline \end{array}$

③ $\begin{array}{r} 8.94 \\ -5.92 \\ \hline \end{array}$

④ $\begin{array}{r} 3.58 \\ -1.36 \\ \hline \end{array}$

⑤ $\begin{array}{r} 6.02 \\ -2.89 \\ \hline \end{array}$

⑥ $\begin{array}{r} 8.23 \\ -7.47 \\ \hline \end{array}$

⑦ $\begin{array}{r} 10.43 \\ -2.46 \\ \hline \end{array}$

⑧ $\begin{array}{r} 19.04 \\ -7.97 \\ \hline \end{array}$

⑨ $\begin{array}{r} 30.12 \\ -19.54 \\ \hline \end{array}$

⑩ $\begin{array}{r} 51.28 \\ -24.73 \\ \hline \end{array}$

⑪ $\begin{array}{l} 87.31 \\ -68.2 \\ \hline \end{array}$

⑫ $\begin{array}{l} 74.05 \\ -59.7 \\ \hline \end{array}$

⑬ $\begin{array}{r} 1.084 \\ -0.475 \\ \hline \end{array}$

⑭ $\begin{array}{r} 5.207 \\ -3.463 \\ \hline \end{array}$

⑮ $\begin{array}{r} 8.112 \\ -7.985 \\ \hline \end{array}$

★⑯ $\begin{array}{r} 11.002 \\ -8.875 \\ \hline \end{array}$

★⑰ $\begin{array}{r} 34.726 \\ -28.932 \\ \hline \end{array}$

★⑱ $\begin{array}{r} 83.201 \\ -64.202 \\ \hline \end{array}$

⑲ $\begin{array}{l} 9.273 \\ -5.46 \\ \hline \end{array}$

★⑳ $\begin{array}{l} 43.462 \\ -18.87 \\ \hline \end{array}$

復習テスト(3)

月　日

時間 20分【はやい15分・おそい25分】
合格 80点
得点　　点

1 計算をしなさい。(1つ5点)

① $\begin{array}{r} 0.41 \\ +0.25 \\ \hline \end{array}$

② $\begin{array}{r} 0.76 \\ +0.58 \\ \hline \end{array}$

③ $\begin{array}{r} 2.04 \\ +3.97 \\ \hline \end{array}$

④ $\begin{array}{r} 8.25 \\ +9.82 \\ \hline \end{array}$

★⑤ $\begin{array}{r} 24.12 \\ +\quad 5.885 \\ \hline \end{array}$

⑥ $\begin{array}{r} 3.44 \\ +2.56 \\ \hline \end{array}$

⑦ $\begin{array}{r} 0.608 \\ +2.56 \\ \hline \end{array}$

⑧ $\begin{array}{r} 0.079 \\ +0.921 \\ \hline \end{array}$

⑨ $\begin{array}{r} 5.297 \\ +8.409 \\ \hline \end{array}$

⑩ $\begin{array}{r} 0.05 \\ -0.02 \\ \hline \end{array}$

⑪ $\begin{array}{r} 3.29 \\ -1.04 \\ \hline \end{array}$

⑫ $\begin{array}{r} 6.31 \\ -2.36 \\ \hline \end{array}$

⑬ $\begin{array}{r} 5.26 \\ -1.8 \\ \hline \end{array}$

⑭ $\begin{array}{r} 81.72 \\ -26.9 \\ \hline \end{array}$

⑮ $\begin{array}{r} 5.07 \\ -4.73 \\ \hline \end{array}$

⑯ $\begin{array}{r} 21.32 \\ -\quad 8.88 \\ \hline \end{array}$

⑰ $\begin{array}{r} 1.013 \\ -0.945 \\ \hline \end{array}$

⑱ $\begin{array}{r} 8.106 \\ -7.878 \\ \hline \end{array}$

⑲ $\begin{array}{r} 8.302 \\ -6.31 \\ \hline \end{array}$

★⑳ $\begin{array}{r} 20.013 \\ -13.946 \\ \hline \end{array}$

月　日

復習テスト(4)

時間 20分【はやい15分・おそい25分】
合格 80点
得点　点

1 計算をしなさい。(1つ5点)

① $\begin{array}{r} 0.13 \\ +0.54 \\ \hline \end{array}$

② $\begin{array}{r} 0.28 \\ +0.72 \\ \hline \end{array}$

③ $\begin{array}{r} 4.05 \\ +2.09 \\ \hline \end{array}$

④ $\begin{array}{r} 5.08 \\ +0.97 \\ \hline \end{array}$

⑤ $\begin{array}{r} 7.87 \\ +9.65 \\ \hline \end{array}$

★⑥ $\begin{array}{r} 6.81 \\ +19.25 \\ \hline \end{array}$

⑦ $\begin{array}{r} 0.706 \\ +2.435 \\ \hline \end{array}$

⑧ $\begin{array}{r} 9.536 \\ +0.804 \\ \hline \end{array}$

⑨ $\begin{array}{r} 0.068 \\ +0.098 \\ \hline \end{array}$

⑩ $\begin{array}{r} 0.71 \\ -0.31 \\ \hline \end{array}$

⑪ $\begin{array}{r} 4.58 \\ -1.96 \\ \hline \end{array}$

⑫ $\begin{array}{r} 7.13 \\ -6.35 \\ \hline \end{array}$

⑬ $\begin{array}{r} 10.34 \\ -\ \ 9.37 \\ \hline \end{array}$

⑭ $\begin{array}{r} 61.26 \\ -18.73 \\ \hline \end{array}$

⑮ $\begin{array}{r} 93.27 \\ -56.8 \\ \hline \end{array}$

⑯ $\begin{array}{r} 82.68 \\ -79.93 \\ \hline \end{array}$

★⑰ $\begin{array}{r} 12.013 \\ -\ \ 8.725 \\ \hline \end{array}$

★⑱ $\begin{array}{r} 30.104 \\ -27.387 \\ \hline \end{array}$

⑲ $\begin{array}{r} 9.416 \\ -7.43 \\ \hline \end{array}$

★⑳ $\begin{array}{r} 54.106 \\ -39.52 \\ \hline \end{array}$

まとめテスト(1)

月　日

時間 25分 【はやい20分・おそい30分】
合格 80点
得点　点

1 計算をしなさい。(①〜⑥1つ6点，⑦⑧1つ7点)

① $\frac{4}{8}+2\frac{7}{8}$　② $4\frac{9}{10}-1\frac{3}{10}$

③ $1\frac{2}{6}+\frac{4}{6}$　④ $5\frac{1}{9}-2\frac{3}{9}$

⑤ $2\frac{2}{4}+3\frac{1}{4}$　⑥ $7\frac{2}{5}-4$

⑦ $2-1\frac{2}{7}+\frac{3}{7}$

⑧ $\frac{1}{3}+\left(2\frac{2}{3}-1\frac{1}{3}\right)$

2 計算をしなさい。(1つ5点)

① $0.07+0.08$　② $0.46+0.08$

③ $0.33-0.09$　④ $1-0.52$

⑤ $\begin{array}{r} 17.46 \\ +34.85 \\ \hline \end{array}$　⑥ $\begin{array}{r} 7.38 \\ +5.92 \\ \hline \end{array}$　⑦ $\begin{array}{r} 3.547 \\ +7.958 \\ \hline \end{array}$

⑧ $\begin{array}{r} 10.21 \\ -\ \ 1.69 \\ \hline \end{array}$　⑨ $\begin{array}{l} \ \ 6.27 \\ -3.4 \\ \hline \end{array}$　★⑩ $\begin{array}{r} 21.053 \\ -19.558 \\ \hline \end{array}$

まとめテスト(2)

月　日

時間 25分【はやい20分・おそい30分】
合格 80点
得点　　点

1 計算をしなさい。(①〜⑥1つ6点，⑦⑧1つ7点)

① $1\frac{5}{6}+\frac{4}{6}$

② $1\frac{1}{8}-\frac{6}{8}$

③ $\frac{4}{5}+2\frac{1}{5}$

④ $4\frac{2}{7}-1\frac{3}{7}$

⑤ $2\frac{8}{9}+3\frac{7}{9}$

⑥ $5-\frac{2}{3}$

⑦ $1\frac{3}{4}+\frac{3}{4}-1\frac{1}{4}$

⑧ $3\frac{1}{10}-\left(\frac{7}{10}+1\frac{8}{10}\right)$

2 計算をしなさい。(1つ5点)

① 0.057+0.018

② 0.623+0.377

③ 0.042−0.026

④ 2−0.999

⑤ $\begin{array}{r} 5.26 \\ +4.97 \\ \hline \end{array}$

⑥ $\begin{array}{r} 7.48 \\ +9.54 \\ \hline \end{array}$

⑦ $\begin{array}{r} 8.577 \\ +9.493 \\ \hline \end{array}$

⑧ $\begin{array}{r} 30.74 \\ -\ \ 6.96 \\ \hline \end{array}$

⑨ $\begin{array}{r} 6.02 \\ -3.27 \\ \hline \end{array}$

★⑩ $\begin{array}{r} 45.216 \\ -38.448 \\ \hline \end{array}$

月　　日

がい数のたし算

5372+2931 の見積(みつ)もり（百の位(くらい)まで，千の位まで）

計算のしかた

❶ 百の位までの見積もり

十の位を四捨五入する
5372 ⟶ 5400
十の位を四捨五入する
2931 ⟶ 2900
先にがい数にする

5400+2900=8300

❷ 千の位までの見積もり

百の位を四捨五入する
5372 ⟶ 5000
百の位を四捨五入する
2931 ⟶ 3000
先にがい数にする

5000+3000=8000

・百の位までのがい数にするには十の位を四捨五入
・千の位までのがい数にするには百の位を四捨五入
するんだよ。

□をうめて，計算のしかたを覚えよう。

❶ まず，5372 と 2931 を百の位までのがい数にします。

5372 の ① □ の位を四捨五入(ししゃごにゅう)すると，② □

2931 の ① □ の位を四捨五入すると，③ □

答えは，5400+2900= ④ □ になります。

❷ まず，5372 と 2931 を千の位までのがい数にします。

5372 の ⑤ □ の位を四捨五入すると，⑥ □

2931 の ⑤ □ の位を四捨五入すると，⑦ □

答えは，5000+3000= ⑧ □ になります。

覚えよう 和を見積もるときは，それぞれの数を求める位までのがい数にしてから，たし算をします。

月　日

計算してみよう

時間 20分【はやい15分・おそい25分】
合格 8個
正答 ／10個

1 百の位までのがい数にして，和を見積もりなさい。

① 3823+5044　　② 4846+2478

③ 6218+7241　　④ 8497+2568

⑤ 28471+60213

2 千の位までのがい数にして，和を見積もりなさい。

① 2536+1493　　② 47689+15768

③ 28506+52193　　④ 50244+56927

⑤ 453688+194563

11日 がい数のひき算

月　日

6472−4812 の見積(みつ)もり（百の位(くらい)まで，千の位まで）

計算のしかた

❶ 百の位までの見積もり

十の位を四捨五入する
6472 ⟶ 6500
十の位を四捨五入する
4812 ⟶ 4800
先にがい数にする

6500−4800=1700

❷ 千の位までの見積もり

百の位を四捨五入する
6472 ⟶ 6000
百の位を四捨五入する
4812 ⟶ 5000
先にがい数にする

6000−5000=1000

・百の位までのがい数にするには十の位を四捨五入
・千の位までのがい数にするには百の位を四捨五入
するんだよ。

□をうめて，計算のしかたを覚えよう。

❶ まず，6472 と 4812 を百の位までのがい数にします。

6472 の ① □ の位を四捨五入(ししゃごにゅう)すると，② □

4812 の ① □ の位を四捨五入すると，③ □

答えは，6500−4800= ④ □ になります。

❷ まず，6472 と 4812 を千の位までのがい数にします。

6472 の ⑤ □ の位を四捨五入すると，⑥ □

4812 の ⑤ □ の位を四捨五入すると，⑦ □

答えは，6000−5000= ⑧ □ になります。

覚えよう 差(さ)を見積もるときは，それぞれの数を求める位までのがい数にしてから，ひき算をします。

計算してみよう

月　日

時間 20分 【はやい15分・おそい25分】
合格 8個
正答 ／10個

1 百の位までのがい数にして，差を見積もりなさい。

① 3569−287　② 4335−2946

③ 3152−1085　④ 27840−1418

⑤ 89113−68242

2 千の位までのがい数にして，差を見積もりなさい。

① 8126−6658　② 74460−36124

③ 493191−24560　④ 316794−19833

⑤ 724920−365140

12日

復習テスト(5)

月　日

時間 20分【はやい15分・おそい25分】 合格 80点 得点　点

1 百の位(くらい)までのがい数にして，和を見積(みつ)もりなさい。(1つ10点)

① 2114+5664　② 1602+677

③ 42980+41460　④ 90629+3571

⑤ 65692+26753

2 百の位までのがい数にして，差(さ)を見積もりなさい。(1つ10点)

① 4257−274　② 3165−1657

③ 56812−4179　④ 81505−34790

⑤ 93952−56981

復習テスト(6)

1 千の位(くらい)までのがい数にして，和を見積(みつ)もりなさい。(1つ10点)

① 1299+35716　　② 94172+62138

③ 35719+49532　　④ 48920+514165

⑤ 125637+852654

2 千の位までのがい数にして，差(さ)を見積もりなさい。(1つ10点)

① 45371−24990　　② 75016−5911

③ 37581−19248　　④ 40497−13852

⑤ 241516−154748

がい数のかけ算

6491×1373 の見積もり（上から1けた，上から2けた）

計算のしかた

❶ 上から1けたの見積もり

上から2けた目の数を四捨五入する

6491 ⟶ 6000

上から2けた目の数を四捨五入する

1373 ⟶ 1000

先に上から1けたのがい数にする

6000×1000=6000000

❷ 上から2けたの見積もり

上から3けた目の数を四捨五入する

6491 ⟶ 6500

上から3けた目の数を四捨五入する

1373 ⟶ 1400

先に上から2けたのがい数にする

6500×1400=9100000

□をうめて，計算のしかたを覚えよう。

❶ まず，6491と1373を上から1けたのがい数にします。

6491の上から ① 目の数を四捨五入すると， ②

1373の上から ① 目の数を四捨五入すると， ③

答えは，6000×1000= ④ になります。

❷ まず，6491と1373を上から2けたのがい数にします。

6491の上から ⑤ 目の数を四捨五入すると， ⑥

1373の上から ⑤ 目の数を四捨五入すると， ⑦

答えは，6500×1400= ⑧ になります。

覚えよう 積を見積もるときは，それぞれの数を求めようとするけた数のがい数にしてから，かけ算をします。

計算してみよう

月　日

時間 20分【はやい15分・おそい25分】
合格 8個
正答　／10個

1 上から１けたのがい数にして，積(せき)を見積(みつ)もりなさい。

① 189×423　② 691×403

③ 5748×345　④ 263×9863

⑤ 8551×7949　⑥ 2359×5241

⑦ 60933×9148

2 上から２けたのがい数にして，積を見積もりなさい。

① 5605×2467　② 7460×3241

③ 49635×81565

がい数のわり算

8834÷219 の見積もり（上から１けた，上から２けた）

計算のしかた

❶ 上から１けたの見積もり

上から２けた目の数を四捨五入する
8834 ⟶ 9000
上から２けた目の数を四捨五入する
219 ⟶ 200
先に上から１けたのがい数にする

9000÷200=45

❷ 上から２けたの見積もり

上から３けた目の数を四捨五入する
8834 ⟶ 8800
上から３けた目の数を四捨五入する
219 ⟶ 220
先に上から２けたのがい数にする

8800÷220=40

□をうめて，計算のしかたを覚えよう。

❶ まず，8834 と 219 を上から１けたのがい数にします。

8834 の上から ① □ 目の数を四捨五入すると，② □

219 の上から ① □ 目の数を四捨五入すると，③ □

答えは，9000÷200= ④ □ になります。

❷ まず，8834 と 219 を上から２けたのがい数にします。

8834 の上から ⑤ □ 目の数を四捨五入すると，⑥ □

219 の上から ⑤ □ 目の数を四捨五入すると，⑦ □

答えは，8800÷220= ⑧ □ になります。

覚えよう　商を見積もるときは，それぞれの数を求めようとするけた数のがい数にしてから，わり算をします。

計算してみよう

時間	20分【はやい15分・おそい25分】	正答
合格	8個	/10個

月　日

1 上から1けたのがい数にして，商を見積（みつ）もりなさい。

① 619÷174

② 375÷163

③ 7853÷487

④ 9048÷292

⑤ 5313÷1051

⑥ 82941÷826

⑦ 29310÷1580

2 上から2けたのがい数にして，商を見積もりなさい。

① 7543÷298

② 46119÷2292

③ 90301÷3554

復習テスト(7)

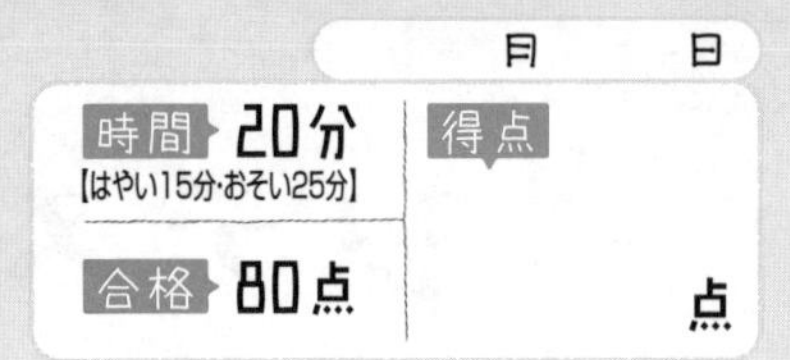

1 上から1けたのがい数にして，積(せき)や商を見積(みつ)もりなさい。

（1つ8点）

① 383×617

② 856÷293

③ 4558×221

④ 7842÷364

⑤ 5480×1399

⑥ 64133÷4705

⑦ 62861×914

2 上から2けたのがい数にして，積や商を見積もりなさい。

（1つ11点）

① 8047×3542

② 9424÷471

③ 24788×3811

④ 76442÷4012

復習テスト(8)

月　日

時間 20分 【はやい15分・おそい25分】
合格 80点
得点　　点

1 上から1けたのがい数にして，積や商を見積もりなさい。

(1つ8点)

① 582×627

② 995÷246

③ 3401×272

④ 4144÷389

⑤ 3528×1999

⑥ 72437÷5062

⑦ 72503×9164

2 上から2けたのがい数にして，積や商を見積もりなさい。

(1つ11点)

① 4950×4639

② 6170÷3085

③ 80079×5524

④ 97860÷2817

1 ( )の中の位までのがい数にして，和や差を見積もりなさい。

(1つ10点)

① 2476+3154（百の位）

② 8583−3240（百の位）

③ 73053+96125（百の位）

④ 14532−5382（百の位）

⑤ 57284+42876（千の位）

⑥ 647528−493581（千の位）

2 ( )の中のけたのがい数にして，積や商を見積もりなさい。

(1つ10点)

① 216×574（上から1けた）

② 781÷246（上から1けた）

③ 8735×549（上から1けた）

④ 52809÷1630（上から1けた）

まとめテスト(4)

1 (　)の中の位(くらい)までのがい数にして，和や差(さ)を見積(みつ)もりなさい。

(1つ10点)

① 9954+3617 (百の位)

② 6281−3925 (百の位)

③ 38620+27521 (百の位)

④ 57320−45618 (百の位)

⑤ 350425+679430 (千の位)

⑥ 48392−20983 (千の位)

2 (　)の中のけたのがい数にして，積(せき)や商を見積もりなさい。

(1つ10点)

① 694×641 (上から1けた)

② 924÷295 (上から1けた)

③ 27380×5946 (上から1けた)

④ 7932÷356 (上から1けた)

月　日

17日 3つの小数のたし算とひき算

0.87+0.36−0.94 の計算
3.26−(1.78+0.57) の計算

計算のしかた

❶ 0.87+0.36−0.94=1.23−0.94=0.29

2回に分けて筆算をする

$$\begin{array}{r} 0.87 \\ +\,0.36 \\ \hline 1.23 \end{array} \quad \rightarrow \quad \begin{array}{r} 1.23 \\ -\,0.94 \\ \hline 0.29 \end{array}$$

❷ 3.26−(1.78+0.57)=3.26−2.35=0.91

かっこの中を先に計算する

$$\begin{array}{r} 1.78 \\ +\,0.57 \\ \hline 2.35 \end{array} \quad \rightarrow \quad \begin{array}{r} 3.26 \\ -\,2.35 \\ \hline 0.91 \end{array}$$

□をうめて，計算のしかたを覚えよう。

❶ 0.87+0.36−0.94 は，左から右へ順（じゅん）に計算していきます。

まず，0.87+0.36=［①　］を計算します。

次に，1.23−0.94=［②　］を計算します。

答えは［②　］になります。

❷ 3.26−(1.78+0.57) は，かっこの中を先に計算します。

1.78+0.57=［③　］を計算します。

次に，3.26−2.35=［④　］を計算します。

答えは［④　］になります。

覚えよう 3つの小数のたし算・ひき算は，ふつう左から右へ順に計算していきます。ただし，かっこがあるときは，かっこの中を先に計算します。

計算してみよう

1 計算をしなさい。

① 5.49+0.88+1.37

② 0.796+0.98+2.885

③ 7.26−3.45+2.69

④ 3−1.775+2.855

⑤ 3.42+6.58−7.63

⑥ 1.896+3.547−2.996

⑦ 5−1.34−0.58

⑧ 3.2−0.975−1.246

⑨ 7−(2.48+3.76)

⑩ 1.32−(0.573+0.59)

(小数)×(1けた)の筆算

月　日

0.684×7 の筆算

計算のしかた

❶ $\frac{1}{1000}$の位の計算をする

$$\begin{array}{r} 0.684 \\ \times \quad 7 \\ \hline 8 \end{array}$$

2を$\frac{1}{100}$の位にくり上げる

→ ❷ $\frac{1}{100}$の位の計算をする

$$\begin{array}{r} 0.684 \\ \times \quad 7 \\ \hline 88 \end{array}$$

5を$\frac{1}{10}$の位にくり上げる

→ ❸ $\frac{1}{10}$の位の計算をする

$$\begin{array}{r} 0.684 \\ \times \quad 7 \\ \hline 4788 \end{array}$$

→ ❹ 小数点をうつ

$$\begin{array}{r} 0.684 \\ \times \quad 7 \\ \hline 4.788 \end{array}$$

□をうめて，計算のしかたを覚えよう。

❶ $\frac{1}{1000}$の位(くらい)の計算をします。

7×4=① □ より，$\frac{1}{1000}$の位に② □ を書きます。

❷ $\frac{1}{100}$の位の計算をします。

7×8+2=③ □ より，$\frac{1}{100}$の位に④ □ を書きます。

❸ $\frac{1}{10}$の位の計算をします。

7×6+5=⑤ □ より，$\frac{1}{10}$の位に⑥ □，一の位に⑦ □ を書きます。

❹ 4と7の間に小数点をうって，答えを⑧ □ とします。

最後に小数点をうつのをわすれないようにしよう。

覚えよう

小数に整数をかけるかけ算も，整数のかけ算と同じように，下の位から上の位へ順(じゅん)に計算していきます。積(せき)の小数点は，かけられる数の小数点にそろえてうちます。

計算してみよう

月　日

時間 20分 【はやい15分・おそい25分】
合格 16個
正答 　/20個

1 かけ算をしなさい。

① 0.7×2　② 2.3×3

③ 0.18×4　④ 0.16×5

⑤ 1.3×20　⑥ 2.4×30

⑦ 0.17×40　⑧ 0.18×50

2 かけ算をしなさい。

① $\begin{array}{r} 2.8 \\ \times\ 6 \\ \hline \end{array}$　② $\begin{array}{r} 5.7 \\ \times\ 8 \\ \hline \end{array}$　③ $\begin{array}{r} 0.19 \\ \times\ 7 \\ \hline \end{array}$

④ $\begin{array}{r} 0.46 \\ \times\ 9 \\ \hline \end{array}$　⑤ $\begin{array}{r} 7.23 \\ \times\ 4 \\ \hline \end{array}$　⑥ $\begin{array}{r} 4.87 \\ \times\ 8 \\ \hline \end{array}$

⑦ $\begin{array}{r} 9.48 \\ \times\ 5 \\ \hline \end{array}$　⑧ $\begin{array}{r} 0.326 \\ \times\ 3 \\ \hline \end{array}$　⑨ $\begin{array}{r} 0.593 \\ \times\ 6 \\ \hline \end{array}$

⑩ $\begin{array}{r} 0.707 \\ \times\ 9 \\ \hline \end{array}$　★⑪ $\begin{array}{r} 2.814 \\ \times\ 4 \\ \hline \end{array}$　★⑫ $\begin{array}{r} 9.785 \\ \times\ 8 \\ \hline \end{array}$

19日 復習テスト(9)

月　日

時間 20分 【はやい15分・おそい25分】
合格 80点
得点　点

1 かけ算をしなさい。(①②1つ4点，③～⑫1つ5点)

① 0.3×9　② 0.07×3

③ 0.006×5　④ 0.8×70

⑤ 0.09×20　⑥ 0.005×80

⑦ 1.3×4　⑧ 0.24×2

⑨ 0.32×3　⑩ 0.017×5

⑪ 1.5×20　⑫ 0.26×30

2 計算をしなさい。(1つ7点)

① $2.84+1.57+3.49$

② $0.96+0.78-0.89$

③ $5.07-2.89-1.48$

④ $10-(2.56+4.98)$

⑤ $7.1-(5.2-3.765)$

⑥ $6.95+(4.82-2.954)$

復習テスト(10)

月　日

時間 20分【はやい15分・おそい25分】 得点

合格 80点　　点

1 計算をしなさい。(1つ7点)

① 1.726+2.498+4.586

② 5.019−0.975+4.787

③ 6.243+3.757−5.635

④ 8.02−(7.5−6.973)

2 □にあてはまる数を求(もと)めなさい。(1つ7点)

① 2.046+□=3.1　　② 5.1−□+2.437=4.208

3 かけ算をしなさい。(①〜⑤1つ6点, ⑥〜⑨1つ7点)

① 3.9 × 5　　② 8.4 × 7　　③ 0.45 × 6

④ 0.78 × 9　　⑤ 3.44 × 4　　⑥ 8.06 × 8

⑦ 0.292 × 3　　⑧ 0.849 × 6　　★⑨ 1.725 × 8

(小数)×(2けた)の筆算

3.58×47 の筆算

計算のしかた

❶ 358×7 の計算をする

```
   3.58
×    47
  2506
```

→

❷ 358×4 の計算をする

```
   3.58
×    47
   2506
  1432
```

→

❸ 小数点をうつ

```
   3.58
×    47
   2506
  1432
  168.26
```

□をうめて，計算のしかたを覚えよう。

❶ 小数点はないものと考えて，かけられる数358にかける数の一の位（くらい）の数の①□をかけます。

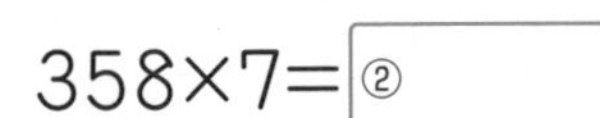

358×7=②□

最後に小数点をうつのをわすれないようにしよう。

❷ かけられる数358にかける数の十の位の数の③□をかけます。

358×4=④□

書くときは，1432を位を1けた左へずらして書きます。

❸ 2506と14320の和を求（もと）めて，和の8と2の間に⑤□をうちます。

答えは，3.58×47=⑥□になります。

覚えよう　小数に整数をかけるかけ算も，整数のかけ算と同じように，下の位から上の位へ順（じゅん）に計算していきます。積（せき）の小数点は，かけられる数の小数点にそろえてうちます。

計算してみよう

月　日

時間 20分【はやい15分・おそい25分】
合格 12個
正答 ／15個

1 かけ算をしなさい。

① $\begin{array}{r} 0.9 \\ \times 57 \\ \hline \end{array}$

② $\begin{array}{r} 0.06 \\ \times 65 \\ \hline \end{array}$

③ $\begin{array}{r} 0.004 \\ \times 92 \\ \hline \end{array}$

④ $\begin{array}{r} 3.4 \\ \times 28 \\ \hline \end{array}$

⑤ $\begin{array}{r} 7.4 \\ \times 59 \\ \hline \end{array}$

⑥ $\begin{array}{r} 0.29 \\ \times 38 \\ \hline \end{array}$

⑦ $\begin{array}{r} 0.57 \\ \times 72 \\ \hline \end{array}$

⑧ $\begin{array}{r} 0.064 \\ \times 81 \\ \hline \end{array}$

⑨ $\begin{array}{r} 0.087 \\ \times 64 \\ \hline \end{array}$

⑩ $\begin{array}{r} 47.9 \\ \times 46 \\ \hline \end{array}$

⑪ $\begin{array}{r} 7.92 \\ \times 57 \\ \hline \end{array}$

⑫ $\begin{array}{r} 0.208 \\ \times 64 \\ \hline \end{array}$

⑬ $\begin{array}{r} 0.939 \\ \times 85 \\ \hline \end{array}$

★⑭ $\begin{array}{r} 2.468 \\ \times 78 \\ \hline \end{array}$

★⑮ $\begin{array}{r} 19.97 \\ \times 96 \\ \hline \end{array}$

(小数)÷(1けた)の筆算

4.73÷7 の筆算
(商は $\frac{1}{100}$ の位まで求め，あまりも出す)

計算のしかた

❶ 一の位に商がたたないときは0を書く

```
    0.
7 ) 4.73
```

❷ 47÷7 の計算をする

```
    0.6
7 ) 4.73
    4 2
      5
```

❸ 53÷7 の計算をする

```
    0.67   ←商
7 ) 4.73
    4 2     下ろす
      53    小数点を下ろす
      49
    0.04   ←あまり
```

0を書く

□をうめて，計算のしかたを覚えよう。

❶ 4.73 の一の位の 4 はわる数の 7 より小さいので，
商の一の位には ① □ を書きます。

あまりの表し方に気をつけよう。

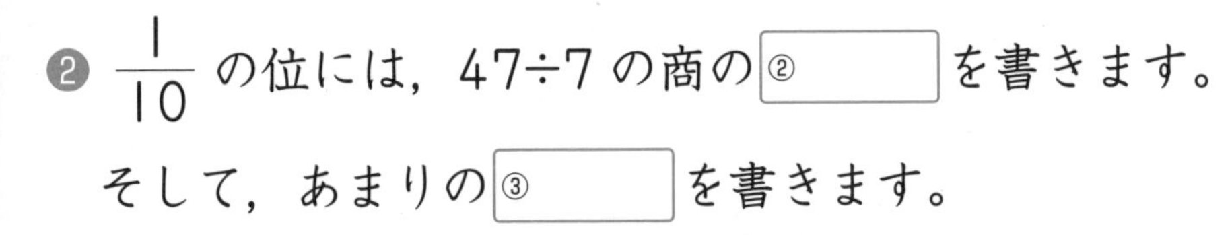

❷ $\frac{1}{10}$ の位には，47÷7 の商の ② □ を書きます。
そして，あまりの ③ □ を書きます。

❸ $\frac{1}{100}$ の位には，53÷7 の商の ④ □ を書きます。
そして，あまりの 4 を書きます。このとき，4.73÷7 のあまりは，
4 ではなく，⑤ □ になります。
答えは，⑥ □ あまり ⑤ □ になります。

覚えよう　小数を整数でわる筆算では，商の小数点はわられる数の小数点にそろえてうちます。また，あまりの小数点もわられる数の小数点にそろえます。

計算してみよう

時間 20分【はやい15分・おそい25分】 合格 12個 正答 /15個

1 わり算をしなさい。

① 0.6÷3　② 3.6÷6

③ 0.08÷2　④ 0.28÷7

⑤ 0.036÷4　⑥ 0.024÷8

2 商は $\frac{1}{10}$ の位(くらい)まで求(もと)め，あまりも出しなさい。

① 3)17.4　② 8)43.2　③ 9)78.3

④ 4)27.5　⑤ 7)64.9　⑥ 5)13.6

3 商は $\frac{1}{100}$ の位まで求め，あまりも出しなさい。

① 7)5.74　② 8)7.07　★③ 7)49.62

22日 復習テスト(11)

月　日

時間 20分【はやい15分・おそい25分】　得点

合格 80点　　点

1 かけ算をしなさい。(1つ7点)

① 0.2×10　② 0.34×10

③ 5.26×10　④ 0.6×20

⑤ 4.1×40　⑥ 9.85×70

2 かけ算をしなさい。(①～⑤1つ6点, ⑥7点)

① 0.3×24　② 0.07×51　③ 6.8×73

④ 0.38×41　⑤ 0.401×96　★⑥ 2.761×47

3 商は $\frac{1}{10}$ の位(くらい)まで求(もと)め, あまりも出しなさい。(1つ7点)

① $17.9\div3$　② $74.6\div5$　★③ $289.6\div6$

復習テスト(12)

月　日

時間 20分 【はやい15分・おそい25分】　得点

合格 80点　点

1 かけ算をしなさい。(①~⑤1つ6点，⑥7点)

① 0.6×51

② 0.009×85

③ 0.59×62

④ 0.064×39

⑤ 8.32×73

★⑥ 57.38×94

2 わり算をしなさい。(1つ7点)

① $0.6 \div 2$

② $5.7 \div 3$

③ $0.08 \div 4$

④ $0.72 \div 8$

⑤ $0.009 \div 3$

⑥ $0.036 \div 9$

3 商は $\frac{1}{100}$ の位(くらい)まで求(もと)め，あまりも出しなさい。(1つ7点)

① $4 \overline{)5.83}$

② $8 \overline{)2.95}$

★③ $7 \overline{)83.24}$

23日 まとめテスト(5)

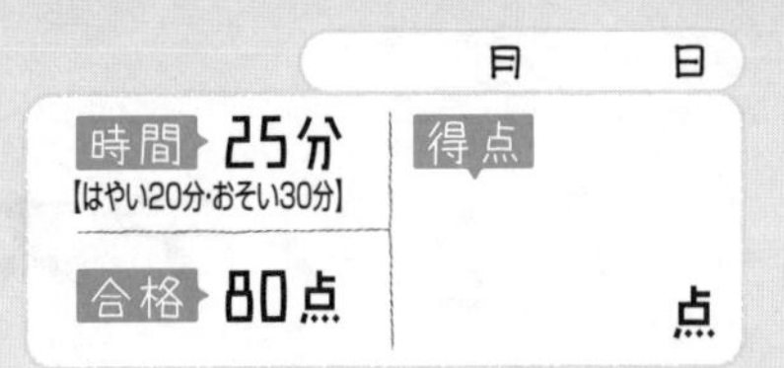

1 計算をしなさい。(1つ5点)

① $4.72+0.58+1.25$

② $2.68+4.32-3.19$

③ $8-2.61-3.94$

④ $6.05-0.89+5.4$

⑤ $5.97+(8.4-3.6)$

⑥ $0.931+(7-4.8)$

2 かけ算をしなさい。(①②1つ5点, ③〜⑨1つ6点)

① 0.3×4　② 6.6×6　③ 0.68×40

④ 0.4×7　⑤ 9.2×5　⑥ 0.31×8

⑦ 5.63×9　⑧ 0.628×4　★⑨ 4.519×6

3 商は$\frac{1}{10}$の位(くらい)まで求(もと)め，あまりも出しなさい。(1つ6点)

① $18.5\div2$　② $49.7\div6$　★③ $721.4\div5$

月　日

時間 25分 【はやい20分・おそい30分】
合格 80点
得点　点

まとめテスト(6)

1 かけ算をしなさい。(①～⑤1つ6点，⑥7点)

① 6.1×84

② 0.53×72

③ 2.16×41

④ 0.903×26

⑤ 3.5×462

⑥ 0.627×283

2 わり算をしなさい。(1つ7点)

① $0.9 \div 3$

② $4.8 \div 6$

③ $0.28 \div 4$

④ $0.32 \div 8$

⑤ $0.006 \div 2$

⑥ $0.035 \div 5$

3 商は $\frac{1}{100}$ の位(くらい)まで求(もと)め，あまりも出しなさい。(1つ7点)

① $3 \overline{) 1.78}$

② $7 \overline{) 6.08}$

★③ $4 \overline{) 93.14}$

(小数)÷(2けた) の筆算

237.5÷52★の筆算
(商は $\frac{1}{10}$ の位(くらい)まで求(もと)め，あまりも出す)

計算のしかた

❶ 237÷52 の計算をする

```
        4
52)237.5
   208
    29
```

→

❷ 295÷52 の計算をする

```
        4.5 ←商
52)237.5
   208    ↓下ろす
    295 ←小数点を下ろす
    260
     3.5 ←あまり
```

□をうめて，計算のしかたを覚えよう。

❶ わられる数 237.5 の上から 2 けたの数 23 がわる数 52 より小さいから，商は ①□ の位にたちます。

一の位には，237÷52 の商の ②□ を書きます。

そして，あまりの ③□ を書きます。

❷ $\frac{1}{10}$ の位には，295÷52 の商の ④□ を書きます。

そして，あまりの 35 を書きます。このとき，237.5÷52 のあまりは 35 ではなく，⑤□ になります。

答えは，⑥□ あまり ⑤□ になります。

覚えよう 小数を整数でわる筆算では，商の小数点はわられる数の小数点にそろえてうちます。また，あまりの小数点もわられる数の小数点にそろえます。

計算してみよう

時間 20分【はやい15分・おそい25分】
合格 10個
正答 /13個

1 わり算をしなさい。

① $4 \div 40$　② $36 \div 60$

③ $1.2 \div 40$　④ $7.2 \div 80$

2 商は $\frac{1}{10}$ の位(くらい)まで求(もと)め，あまりも出しなさい。

① 13)10.4　② 73)51.1　★③ 45)121.5

④ 58)38.6　★⑤ 27)139.3　★⑥ 36)265.4

★**3** 商は $\frac{1}{100}$ の位まで求め，あまりも出しなさい。

① 67)36.18　② 17)59.12　③ 52)419.02

(整数)÷(整数) (わり切れるまで)

27÷12 の筆算 (わり切れるまで)

計算のしかた

❶ 27÷12 の計算をする

```
        2
12 ) 27
     24
      3
```

→

❷ 30÷12 の計算をする

```
        2.2
12 ) 27.0
     24      ↓0を下ろす
      30
      24
       6
```

→

❸ 60÷12 の計算をする

```
        2.25 ←商
12 ) 27.00
     24
      30      ↓0を下ろす
      24
       60
       60
        0 ←あまり
```

□をうめて，計算のしかたを覚えよう。

❶ 一の位(くらい)には，27÷12 の商の ① □ を書きます。そして，あまりの ② □ を書きます。

❷ $\frac{1}{10}$ の位には，3 を 30 と考えて 30÷12 の商の ③ □ を書きます。そして，あまりの ④ □ を書きます。

❸ $\frac{1}{100}$ の位には，6 を 60 と考えて 60÷12 の商の ⑤ □ を書きます。このとき，あまりが 0 になるので，ここでわり算をやめます。答えは，⑥ □ になります。

覚えよう わり進むわり算は，わられる数の最後(さいご)に 0 が続いていると考えて計算します。

計算してみよう

時間	20分 【はやい15分・おそい25分】	正答
合格	9個	/12個

月　日

1 わり切れるまで計算しなさい。

① $4\overline{)5}$　② $5\overline{)8}$　③ $8\overline{)9}$

④ $4\overline{)14}$　⑤ $8\overline{)38}$　⑥ $6\overline{)63}$

⑦ $20\overline{)78}$　⑧ $16\overline{)25}$　⑨ $32\overline{)76}$

⑩ $4\overline{)113}$　⑪ $8\overline{)260}$　⑫ $56\overline{)714}$

月　日

26日 復習テスト(13)

時間 20分【はやい15分・おそい25分】
合格 80点
得点　　点

1 わり算をしなさい。(1つ7点)

① $8 \div 20$　　② $45 \div 50$

③ $1.8 \div 30$　　④ $8.1 \div 90$

2 商は $\frac{1}{10}$ の位(くらい)まで求(もと)め，あまりも出しなさい。(1つ8点)

① $12 \overline{)35.7}$　　② $64 \overline{)72.9}$　　③ $23 \overline{)59.4}$

④ $38 \overline{)24.1}$　　⑤ $71 \overline{)46.6}$　　★⑥ $45 \overline{)607.2}$

3 商は $\frac{1}{100}$ の位まで求め，あまりも出しなさい。(1つ8点)

① $26 \overline{)9.28}$　　★② $53 \overline{)16.05}$　　★③ $62 \overline{)493.42}$

復習テスト(14)

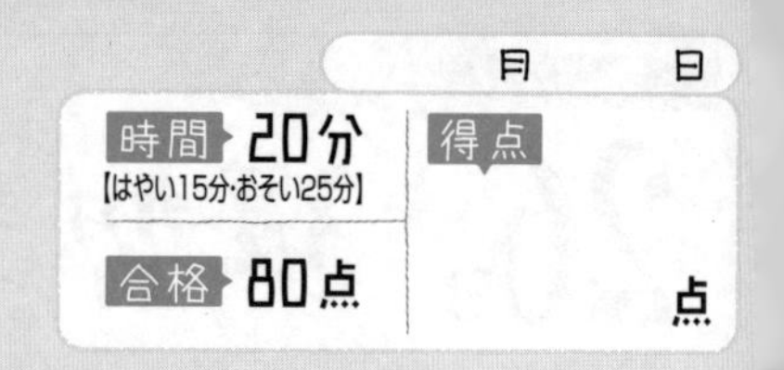

1 商は $\frac{1}{10}$ の位(くらい)まで求(もと)め，あまりも出しなさい。(1つ8点)

① $37\overline{)22.4}$

② $18\overline{)76.5}$

★③ $52\overline{)145.3}$

2 商は $\frac{1}{100}$ の位まで求め，あまりも出しなさい。(1つ8点)

① $46\overline{)3.28}$

★② $23\overline{)65.02}$

★③ $67\overline{)362.74}$

3 わり切れるまで計算しなさい。(①②1つ8点，③～⑥1つ9点)

① $8\overline{)4}$

② $4\overline{)50}$

③ $30\overline{)12}$

④ $72\overline{)54}$

⑤ $8\overline{)623}$

⑥ $25\overline{)836}$

月　日

(小数)÷(整数)(わり切れるまで)

69.6÷16 の筆算(わり切れるまで)

計算のしかた

❶ 69÷16 の計算をする

```
       4
16)69.6
   64
    5
```

→

❷ 56÷16 の計算をする

```
       4.3
16)69.6
   64      ↓下ろす
    56
    48
     8
```

→

❸ 80÷16 の計算をする

```
       4.35 ←商
16)69.60
   64       ↓0を下ろす
    56
    48
     80
     80
      0 ←あまり
```

□をうめて,計算のしかたを覚えよう。

❶ 一の位(くらい)には,69÷16 の商の①□を書きます。そして,あまりの②□を書きます。

❷ $\frac{1}{10}$ の位には,56÷16 の商の③□を書きます。そして,あまりの④□を書きます。

❸ $\frac{1}{100}$ の位には,8 を 80 と考えて 80÷16 の商の⑤□を書きます。このとき,あまりが0になるので,ここでわり算をやめます。

答えは,⑥□になります。

69.6を69.60と考えてわっていくんだよ。

覚えよう わり進むわり算は,わられる数の最後(さいご)に0が続いていると考えて計算します。

計算してみよう

時間 20分【はやい15分・おそい25分】 合格 9個 正答 /12個

1 わり切れるまで計算しなさい。

① $6\overline{)4.2}$

② $5\overline{)1.6}$

③ $16\overline{)3.8}$

④ $8\overline{)51.6}$

⑤ $12\overline{)4.71}$

⑥ $30\overline{)82.2}$

★⑦ $4\overline{)123.4}$

★⑧ $6\overline{)93.72}$

★⑨ $14\overline{)676.2}$

★⑩ $9\overline{)2371.5}$

★⑪ $35\overline{)100.45}$

★⑫ $13\overline{)2644.2}$

(整数，小数)÷(整数)（商をがい数で求める）

44.6÷6 の筆算（商をがい数で求める）

計算のしかた

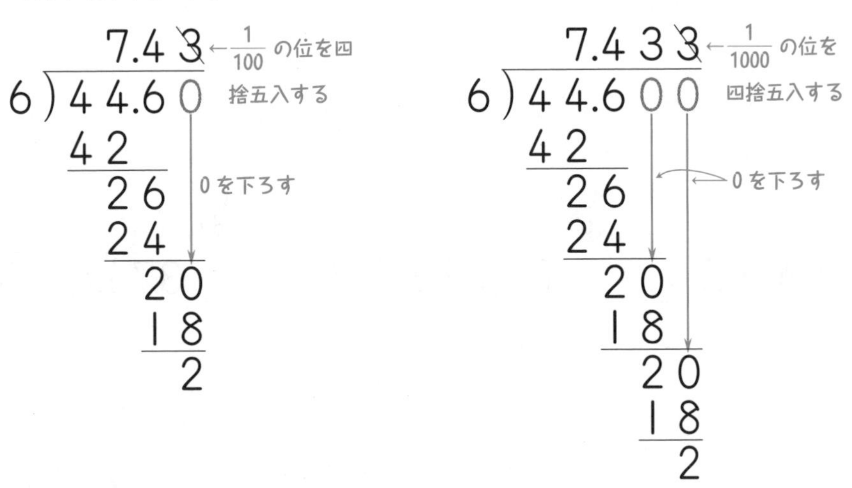

□をうめて，計算のしかたを覚えよう。

❶ 44.6÷6 の商を $\frac{1}{10}$ の位までのがい数で求めるには，①□の位までわり算を進め，①□の位で四捨五入します。

答えは，②□になります。

❷ 44.6÷6 の商を $\frac{1}{100}$ の位までのがい数で求めるには，③□の位までわり算を進め，③□の位で四捨五入します。

答えは，④□になります。

覚えよう　商をがい数で求めるには，求める位の１けた下の位までわり算を進め，その位で四捨五入します。

計算してみよう

月　日

時間 20分【はやい15分・おそい25分】
合格 9個
正答 /12個

1 商を$\frac{1}{10}$の位までのがい数で求めなさい。

① $7\overline{)27}$

② $9\overline{)76.9}$

③ $90\overline{)105}$

★④ $19\overline{)14.92}$

★⑤ $84\overline{)237.9}$

★⑥ $37\overline{)413.6}$

2 商を$\frac{1}{100}$の位までのがい数で求めなさい。

① $6\overline{)8}$

② $9\overline{)48.7}$

③ $90\overline{)97.6}$

④ $34\overline{)35}$

★⑤ $89\overline{)8.776}$

★⑥ $97\overline{)518.7}$

復習テスト(15)

1 わり切れるまで計算しなさい。(①②1つ9点，③10点)

① $8\overline{)5.2}$

② $6\overline{)1.47}$

★③ $56\overline{)390.6}$

2 商を $\frac{1}{10}$ の位(くらい)までのがい数で求(もと)めなさい。(1つ12点)

① $3\overline{)85}$

② $7\overline{)42.6}$

★③ $78\overline{)100.5}$

3 商を $\frac{1}{100}$ の位までのがい数で求めなさい。(1つ12点)

① $9\overline{)78.1}$

★② $59\overline{)71.34}$

★③ $84\overline{)1206.9}$

月　日

時間 20分 【はやい15分・おそい25分】

合格 80点

得点　点

復習テスト(16)

★

1 わり切れるまで計算しなさい。(①②1つ9点，③10点)

① $4\overline{)259.8}$

② $88\overline{)57.64}$

③ $72\overline{)4196.52}$

2 商を $\frac{1}{10}$ の位(くらい)までのがい数で求(もと)めなさい。(1つ12点)

① $9\overline{)48.7}$

★② $57\overline{)476.8}$

★③ $94\overline{)7137.4}$

3 商を $\frac{1}{100}$ の位までのがい数で求めなさい。(1つ12点)

① $9\overline{)3.46}$

★② $86\overline{)814.06}$

★③ $67\overline{)2407.8}$

30日 まとめテスト(7)

月　日

時間 25分【はやい20分・おそい30分】　合格 80点　得点　点

1 わり算をしなさい。(1つ7点)

① $0.42 \div 70$　② $0.072 \div 90$

③ $48 \div 80$　④ $3.2 \div 40$

2 わり算をしなさい。(1つ8点)

① 8)2.72　② 7)60.2　★③ 6)5.724

④ 14)8.68　⑤ 56)95.2　★⑥ 82)447.72

3 わり算をしなさい。ただし，①は商を $\frac{1}{10}$ の位(くらい)まで求(もと)めてあまりも出し，②はわり切れるまで計算し，③は商を $\frac{1}{100}$ の位までのがい数で答えなさい。(1つ8点)

① 48)56.1　★② 95)71.06　★③ 74)1230.6

月　日

まとめテスト(8)

時間 25分 【はやい20分・おそい30分】
合格 80点
得点　　点

1 わり算をしなさい。(1つ8点)

① 0.27÷30　　② 0.063÷70

③ 54÷90　　④ 5.6÷80

2 わり算をしなさい。(1つ10点)

① 7)6.72

② 12)67.2

★③ 68)242.76

3 わり算をしなさい。ただし，①は商を $\frac{1}{10}$ の位(くらい)まで求(もと)めてあまりも出し，②は商を $\frac{1}{100}$ の位まで求めてあまりも出し，③はわり切れるまで計算し，④は商を $\frac{1}{100}$ の位までのがい数で答えなさい。

(①②1つ9点，③④1つ10点)

① 26)18.9

★② 64)530.17

★③ 72)429.48

★④ 83)5710.3

月　日

進級テスト(1)

時間 45分【はやい40分・おそい50分】

合格 80点

得点　点

1 計算をしなさい。(1つ2点)

① $\frac{6}{7}+\frac{4}{7}$　② $3+\frac{3}{4}$

③ $2\frac{3}{8}+1\frac{5}{8}$　④ $1\frac{7}{9}+3\frac{4}{9}$

⑤ $1\frac{1}{5}-\frac{4}{5}$　⑥ $4\frac{3}{10}-2$

⑦ $5\frac{2}{6}-1\frac{4}{6}$　⑧ $3-2\frac{1}{2}$

⑨ 0.06+0.07　⑩ 0.76−0.24

⑪
$$\begin{array}{r} 0.547 \\ +0.983 \\ \hline \end{array}$$

⑫
$$\begin{array}{r} 6.114 \\ -2.368 \\ \hline \end{array}$$

⑬ 2.84+6.97+4.59

⑭ 10−(2.357+4.593)

2 百の位(くらい)までのがい数について，和や差(さ)を見積(みつ)もりなさい。(1つ4点)

① 57683+34391　② 83749−57673

3 上から1けたのがい数にして，積(せき)や商を見積もりなさい。(1つ5点)

① 21896×4618　② 75962÷4986

4 計算をしなさい。(1つ3点)

① 0.09×7　② 0.15×60

③ 2.3×300　④ $8\div5$

⑤ $63\div90$　⑥ $5.6\div70$

5 計算をしなさい。ただし，④～⑥はわり切れるまで計算し，⑦は商を $\frac{1}{10}$ の位(くらい)まで求(もと)めてあまりも出し，⑧は商を $\frac{1}{100}$ の位まで求めてあまりも出し，⑨は商を $\frac{1}{100}$ の位までのがい数で答えなさい。

(1つ4点)

① 0.52×8　★② 1.896×7　③ 4.08×65

④ $7\overline{)32.2}$　★⑤ $52\overline{)430.04}$　⑥ $25\overline{)21}$

★⑦ $87\overline{)4780.1}$　★⑧ $9\overline{)254.14}$　⑨ $76\overline{)51.2}$

月　日

進級テスト(2)

時間 45分【はやい40分・おそい50分】
合格 80点
得点　点

1 計算をしなさい。(1つ2点)

① $\frac{1}{5}+\frac{2}{5}$　② $2-\frac{2}{4}$

③ $1\frac{4}{6}+\frac{1}{6}$　④ $\frac{2}{3}-\frac{1}{3}$

⑤ $6\frac{6}{9}-5$　⑥ $2\frac{3}{7}+1\frac{1}{7}$

⑦ $1\frac{1}{9}-\frac{8}{9}$　⑧ $4\frac{2}{8}-3\frac{3}{8}$

⑨ 0.36+0.24　⑩ 2−0.35

⑪ $\begin{array}{r} 7.92 \\ +\ 2.08 \\ \hline \end{array}$　⑫ $\begin{array}{r} 45.69 \\ -\ 18.94 \\ \hline \end{array}$

⑬ 4.283+1.35−2.1

⑭ 6.25−(4−1.97)

2 千の位(くらい)までのがい数にして，和や差(さ)を見積(みつ)もりなさい。(1つ4点)

① 53728+45861　② 740825−68431

3 上から1けたのがい数にして，積(せき)や商を見積もりなさい。(1つ5点)

① 683×849　② 86371÷2465

4 計算をしなさい。(1つ3点)

① 0.6×9　　② 0.05×70

③ 0.94×500　　④ $5\div4$

⑤ $42\div60$　　⑥ $8.1\div90$

5 計算をしなさい。ただし，④～⑥はわり切れるまで計算し，⑦は商を $\frac{1}{10}$ の位(くらい)まで求(もと)めてあまりも出し，⑧は商を $\frac{1}{100}$ の位まで求めてあまりも出し，⑨は商を $\frac{1}{10}$ の位までのがい数で答えなさい。

(1つ4点)

① $\begin{array}{r} 0.473 \\ \times\quad 5 \\ \hline \end{array}$　　② $\begin{array}{r} 26.4 \\ \times\quad 63 \\ \hline \end{array}$　　★③ $\begin{array}{r} 1.732 \\ \times\quad 74 \\ \hline \end{array}$

④ $7\overline{)8.4}$　　⑤ $15\overline{)34.5}$　　★⑥ $24\overline{)658.2}$

⑦ $7\overline{)69.2}$　　★⑧ $58\overline{)41.68}$　　⑨ $63\overline{)52.7}$

答え　計算6級

●1ページ

1 ①20億　②1兆　③40億　④4000億　⑤80億　⑥5兆　⑦1000万　⑧8000億　⑨3兆　⑩6億

チェックポイント　億や兆を単位とした計算では，1億や1兆がいくつ分あるかを考えて計算します。
・1億が10000こ → 1兆
・1万が10000こ → 1億
となることに気をつけます。

2 ①107803　②138241　③180752

3 ①33088　②341432　③541857　④801775　⑤1200000　⑥576240

チェックポイント　かけ算の筆算では，かける数の一の位，十の位の順にかけ算をしていきます。くり上がりの数に注意して，正確に計算できるようにしてください。
最後に0のある数のかけ算では，0の部分を省いて計算し，あとで0をつけます。

計算のしかた

```
①    188    ③   7853    ⑤    250
   ×176        ×  69        ×4800
   1128        70677         200
  1316        47118         100
  188         541857       1200000
  33088

⑥    840
   ×686
    504
   672
  504
  576240
```

●2ページ

1 ①9あまり60　②34　③76　④195　⑤40あまり109　⑥54

2 ①200　②38　③88　④3140

チェックポイント　かっこのある式の計算では，かっこの中をひとまとまりとみて，かっこの中から先に計算します。また，たし算・ひき算・かけ算・わり算の混じった式の計算では，かけ算・わり算から先に計算します。

3 ①108　②106　③84　④6048

●3ページ

1 ①41兆　②705億　③6000万　④450兆　⑤190兆　⑥4000億　⑦6億　⑧7000億　⑨560億　⑩25兆

2 ①55041　②121392　③120121

3 ①88944　②348705　③64841　④6263296　⑤2412000　⑥410850

●4ページ

1 ①79あまり1　②27あまり29　③8あまり3　④8　⑤62　⑥13

2 ①47　②4446　③65　④82300

3 ①86　②317　③198　④18　⑤87

●5ページ

□内　①2　②$\frac{4}{5}$　③3　④7　⑤2　⑥4

●6ページ

1 ①$1\frac{2}{3}$　②$1\frac{4}{5}$　③$2\frac{6}{7}$　④$3\frac{7}{9}$　⑤$2\frac{2}{5}$　⑥$3\frac{2}{6}$　⑦$4\frac{4}{8}$　⑧$2\frac{7}{9}$　⑨$2\frac{3}{5}$　⑩$6\frac{6}{7}$　⑪$1\frac{3}{4}$　⑫$8\frac{3}{8}$　⑬3　⑭4　⑮$4\frac{4}{7}$　⑯$5\frac{3}{10}$　⑰$7\frac{4}{9}$　⑱$8\frac{6}{8}$　⑲$7\frac{3}{6}$　⑳$7\frac{3}{7}$

チェックポイント　帯分数のたし算は，整数部分の和と分数部分の和を合わせます。

計算のしかた

① $\frac{1}{3}+1\frac{1}{3}=1+\left(\frac{1}{3}+\frac{1}{3}\right)=1+\frac{2}{3}=1\frac{2}{3}$

② $1\frac{1}{5}+\frac{3}{5}=1+\left(\frac{1}{5}+\frac{3}{5}\right)=1+\frac{4}{5}=1\frac{4}{5}$

③ $\frac{2}{7}+2\frac{4}{7}=2+\left(\frac{2}{7}+\frac{4}{7}\right)=2+\frac{6}{7}=2\frac{6}{7}$

④ $3\frac{5}{9}+\frac{2}{9}=3+\left(\frac{5}{9}+\frac{2}{9}\right)=3+\frac{7}{9}=3\frac{7}{9}$

⑤ $\frac{3}{5}+1\frac{4}{5}=1+\left(\frac{3}{5}+\frac{4}{5}\right)=1+\frac{7}{5}=1\frac{7}{5}$
$=2\frac{2}{5}$

⑥ $2\frac{5}{6}+\frac{3}{6}=2+\left(\frac{5}{6}+\frac{3}{6}\right)=2+\frac{8}{6}=2\frac{8}{6}$
$=3\frac{2}{6}$

⑦ $\frac{7}{8}+3\frac{5}{8}=3+\left(\frac{7}{8}+\frac{5}{8}\right)=3+\frac{12}{8}=3\frac{12}{8}$
$=4\frac{4}{8}$

⑧ $1\frac{8}{9}+\frac{8}{9}=1+\left(\frac{8}{9}+\frac{8}{9}\right)=1+\frac{16}{9}=1\frac{16}{9}$
$=2\frac{7}{9}$

⑨ $\frac{3}{5}+2=2+\frac{3}{5}=2\frac{3}{5}$

⑩ $2\frac{6}{7}+4=(2+4)+\frac{6}{7}=6+\frac{6}{7}=6\frac{6}{7}$

⑪ $1+\frac{3}{4}=1\frac{3}{4}$

⑫ $5+3\frac{3}{8}=(5+3)+\frac{3}{8}=8+\frac{3}{8}=8\frac{3}{8}$

⑬ $1\frac{1}{2}+1\frac{1}{2}=(1+1)+\left(\frac{1}{2}+\frac{1}{2}\right)=2+\frac{2}{2}=2+1$
$=3$

⑭ $1\frac{3}{8}+2\frac{5}{8}=(1+2)+\left(\frac{3}{8}+\frac{5}{8}\right)=3+\frac{8}{8}=3+1$
$=4$

⑮ $2\frac{5}{7}+1\frac{6}{7}=(2+1)+\left(\frac{5}{7}+\frac{6}{7}\right)=3+\frac{11}{7}$
$=3\frac{11}{7}=4\frac{4}{7}$

⑯ $3\frac{4}{10}+1\frac{9}{10}=(3+1)+\left(\frac{4}{10}+\frac{9}{10}\right)=4+\frac{13}{10}$
$=4\frac{13}{10}=5\frac{3}{10}$

⑰ $3\frac{6}{9}+3\frac{7}{9}=(3+3)+\left(\frac{6}{9}+\frac{7}{9}\right)=6+\frac{13}{9}$
$=6\frac{13}{9}=7\frac{4}{9}$

⑱ $4\frac{7}{8}+3\frac{7}{8}=(4+3)+\left(\frac{7}{8}+\frac{7}{8}\right)=7+\frac{14}{8}$
$=7\frac{14}{8}=8\frac{6}{8}$

⑲ $2\frac{4}{6}+4\frac{5}{6}=(2+4)+\left(\frac{4}{6}+\frac{5}{6}\right)=6+\frac{9}{6}$
$=6\frac{9}{6}=7\frac{3}{6}$

⑳ $5\frac{6}{7}+1\frac{4}{7}=(5+1)+\left(\frac{6}{7}+\frac{4}{7}\right)=6+\frac{10}{7}$
$=6\frac{10}{7}=7\frac{3}{7}$

●7ページ

□内 ①9 ②1 ③$\frac{5}{7}$ ④1 ⑤$\frac{4}{7}$
⑥$1\frac{4}{7}$

●8ページ

1 ①$3\frac{1}{8}$ ②$2\frac{1}{4}$ ③$2\frac{1}{9}$ ④$3\frac{1}{2}$ ⑤$2\frac{1}{3}$
⑥$4\frac{3}{7}$ ⑦$3\frac{3}{10}$ ⑧$1\frac{2}{9}$ ⑨$\frac{3}{4}$ ⑩$\frac{7}{8}$
⑪$\frac{5}{9}$ ⑫$\frac{3}{5}$ ⑬$2\frac{1}{2}$ ⑭$2\frac{2}{5}$ ⑮$1\frac{2}{5}$
⑯$2\frac{4}{7}$ ⑰$\frac{3}{4}$ ⑱$1\frac{4}{6}$ ⑲$2\frac{5}{8}$ ⑳$3\frac{9}{10}$

チェックポイント　分母が同じ分数のひき算は，分母はそのままにして，分子だけのひき算をします。帯分数(たいぶんすう)のひき算は，整数部分の差(さ)と分数部分の差を合わせます。

計算のしかた

① $3\frac{7}{8}-\frac{6}{8}=3+\left(\frac{7}{8}-\frac{6}{8}\right)=3+\frac{1}{8}=3\frac{1}{8}$

② $2\frac{3}{4}-\frac{2}{4}=2+\left(\frac{3}{4}-\frac{2}{4}\right)=2+\frac{1}{4}=2\frac{1}{4}$

③ $5\frac{1}{9}-3=(5-3)+\frac{1}{9}=2+\frac{1}{9}=2\frac{1}{9}$

④ $4\frac{1}{2}-1=(4-1)+\frac{1}{2}=3+\frac{1}{2}=3\frac{1}{2}$

⑤ $3\frac{2}{3}-1\frac{1}{3}=(3-1)+\left(\frac{2}{3}-\frac{1}{3}\right)=2+\frac{1}{3}$
$=2\frac{1}{3}$

⑥ $6\frac{6}{7}-2\frac{3}{7}=(6-2)+\left(\frac{6}{7}-\frac{3}{7}\right)=4+\frac{3}{7}$
$=4\frac{3}{7}$

⑦ $5\frac{8}{10}-2\frac{5}{10}=(5-2)+\left(\frac{8}{10}-\frac{5}{10}\right)$
$=3+\frac{3}{10}=3\frac{3}{10}$

⑧ $4\frac{7}{9}-3\frac{5}{9}=(4-3)+\left(\frac{7}{9}-\frac{5}{9}\right)=1+\frac{2}{9}=1\frac{2}{9}$

⑨ $1\frac{1}{4}-\frac{2}{4}=\frac{5}{4}-\frac{2}{4}=\frac{3}{4}$

⑩ $1\frac{2}{8}-\frac{3}{8}=\frac{10}{8}-\frac{3}{8}=\frac{7}{8}$

⑪ $1\frac{2}{9}-\frac{6}{9}=\frac{11}{9}-\frac{6}{9}=\frac{5}{9}$

⑫ $1\frac{2}{5}-\frac{4}{5}=\frac{7}{5}-\frac{4}{5}=\frac{3}{5}$

⑬ $3-\frac{1}{2}=2\frac{2}{2}-\frac{1}{2}=2+\left(\frac{2}{2}-\frac{1}{2}\right)=2+\frac{1}{2}$
$=2\frac{1}{2}$

⑭ $5-2\frac{3}{5}=4\frac{5}{5}-2\frac{3}{5}=(4-2)+\left(\frac{5}{5}-\frac{3}{5}\right)$
$=2+\frac{2}{5}=2\frac{2}{5}$

⑮ $2\frac{1}{5}-\frac{4}{5}=1\frac{6}{5}-\frac{4}{5}=1+\left(\frac{6}{5}-\frac{4}{5}\right)=1+\frac{2}{5}$
$=1\frac{2}{5}$

⑯ $3\frac{3}{7}-\frac{6}{7}=2\frac{10}{7}-\frac{6}{7}=2+\left(\frac{10}{7}-\frac{6}{7}\right)$
$=2+\frac{4}{7}=2\frac{4}{7}$

⑰ $2\frac{2}{4}-1\frac{3}{4}=1\frac{6}{4}-1\frac{3}{4}=(1-1)+\left(\frac{6}{4}-\frac{3}{4}\right)$
$=\frac{3}{4}$

⑱ $4\frac{2}{6}-2\frac{4}{6}=3\frac{8}{6}-2\frac{4}{6}=(3-2)+\left(\frac{8}{6}-\frac{4}{6}\right)$
$=1+\frac{4}{6}=1\frac{4}{6}$

⑲ $6\frac{2}{8}-3\frac{5}{8}=5\frac{10}{8}-3\frac{5}{8}=(5-3)+\left(\frac{10}{8}-\frac{5}{8}\right)$
$=2+\frac{5}{8}=2\frac{5}{8}$

⑳ $7\frac{4}{10}-3\frac{5}{10}=6\frac{14}{10}-3\frac{5}{10}$
$=(6-3)+\left(\frac{14}{10}-\frac{5}{10}\right)=3+\frac{9}{10}=3\frac{9}{10}$

●9ページ

1 ① $1\frac{6}{7}$ ② $1\frac{8}{9}$ ③ $2\frac{2}{3}$ ④ $4\frac{1}{5}$ ⑤ $3\frac{3}{4}$
⑥ $5\frac{5}{7}$ ⑦ 6 ⑧ $2\frac{1}{4}$ ⑨ $4\frac{5}{8}$ ⑩ $8\frac{5}{10}$

2 ① $3\frac{1}{4}$ ② $3\frac{2}{7}$ ③ $2\frac{8}{10}$ ④ $2\frac{2}{3}$ ⑤ $\frac{3}{6}$
⑥ $4\frac{3}{8}$ ⑦ $1\frac{1}{3}$ ⑧ $\frac{8}{9}$ ⑨ $\frac{3}{5}$ ⑩ $2\frac{6}{10}$

●10ページ

1 ① 3 ② $1\frac{5}{7}$ ③ $2\frac{5}{6}$ ④ 3 ⑤ $1\frac{6}{8}$
⑥ $2\frac{4}{9}$ ⑦ $4\frac{5}{9}$ ⑧ 6 ⑨ $4\frac{1}{5}$ ⑩ $9\frac{3}{10}$

2 ① $2\frac{1}{7}$ ② $3\frac{4}{9}$ ③ $4\frac{1}{4}$ ④ $1\frac{2}{8}$ ⑤ $3\frac{2}{3}$
⑥ $2\frac{7}{9}$ ⑦ $1\frac{6}{8}$ ⑧ $1\frac{3}{4}$ ⑨ $4\frac{7}{10}$ ⑩ $2\frac{6}{7}$

●11ページ

□内 ① 10 ② 0 ③ 10 ④ 0 ⑤ 8
⑥ 0 ⑦ 0 ⑧ 0.8

●12ページ

1 ① 7.46 ② 5.9 ③ 8.04 ④ 5.04
⑤ 8.03 ⑥ 5.12 ⑦ 5.31 ⑧ 8.97
⑨ 19.19 ⑩ 0.01 ⑪ 0.9 ⑫ 1 ⑬ 0.18
⑭ 2.302 ⑮ 6.055 ⑯ 9.077 ⑰ 18.565
⑱ 3.105 ⑲ 15.406 ⑳ 30.001

チェックポイント 小数のたし算の筆算のしかたは整数のたし算と同じですが，小数点の位置(いち)にそろえて，答えにも小数点をうちます。くり上がりに注意して，正しく計算できるようにしてください。
また，計算結果が 5.90 のように，小数点以下の末位(まつい)に 0 がつくときは，0 を消して 5.9 を答えとして書きます。

計算のしかた

① $\begin{array}{r} 2.34 \\ +5.12 \\ \hline 7.46 \end{array}$　② $\begin{array}{r} 4.36 \\ +1.54 \\ \hline 5.90 \end{array}$　③ $\begin{array}{r} 5.13 \\ +2.91 \\ \hline 8.04 \end{array}$

④ $\begin{array}{r} 4.06 \\ +0.98 \\ \hline 5.04 \end{array}$　⑤ $\begin{array}{r} 7.14 \\ +0.89 \\ \hline 8.03 \end{array}$　⑥ $\begin{array}{r} 3.07 \\ +2.05 \\ \hline 5.12 \end{array}$

⑦ $\begin{array}{r} 3.45 \\ +1.86 \\ \hline 5.31 \end{array}$　⑧ $\begin{array}{r} 6.59 \\ +2.38 \\ \hline 8.97 \end{array}$　⑨ $\begin{array}{r} 9.73 \\ +9.46 \\ \hline 19.19 \end{array}$

⑩ $\begin{array}{r} 0.001 \\ +0.009 \\ \hline 0.010 \end{array}$　⑪ $\begin{array}{r} 0.074 \\ +0.826 \\ \hline 0.900 \end{array}$　⑫ $\begin{array}{r} 0.355 \\ +0.645 \\ \hline 1.000 \end{array}$

⑬ $\begin{array}{r} 0.094 \\ +0.086 \\ \hline 0.180 \end{array}$　⑭ $\begin{array}{r} 0.907 \\ +1.395 \\ \hline 2.302 \end{array}$　⑮ $\begin{array}{r} 4.583 \\ +1.472 \\ \hline 6.055 \end{array}$

⑯ $\begin{array}{r} 3.294 \\ +5.783 \\ \hline 9.077 \end{array}$　⑰ $\begin{array}{r} 9.589 \\ +8.976 \\ \hline 18.565 \end{array}$　⑱ $\begin{array}{r} 2.74 \\ +0.365 \\ \hline 3.105 \end{array}$

⑲ $\begin{array}{r} 14.85 \\ +\ 0.556 \\ \hline 15.406 \end{array}$　⑳ $\begin{array}{r} 27.96 \\ +\ 2.041 \\ \hline 30.001 \end{array}$

● **13 ページ**

□内　①7　②1　③4　④0　⑤0
⑥0.417

● **14 ページ**

1　①4.61　②2.4　③3.02　④2.22
⑤3.13　⑥0.76　⑦7.97　⑧11.07
⑨10.58　⑩26.55　⑪19.11　⑫14.35
⑬0.609　⑭1.744　⑮0.127　⑯2.127
⑰5.794　⑱18.999　⑲3.813　⑳24.592

チェックポイント　小数のひき算の筆算のしかたは整数のひき算と同じですが，小数点の位置にそろえて，答えにも小数点をうちます。くり下がりに注意します。
また，計算結果が 2.40 のように，小数点以下の末位に 0 がつくときは，0 を消して 2.4 を答えとして書きます。

計算のしかた

① $\begin{array}{r} 6.75 \\ -2.14 \\ \hline 4.61 \end{array}$　② $\begin{array}{r} 4.63 \\ -2.23 \\ \hline 2.40 \end{array}$　③ $\begin{array}{r} 8.94 \\ -5.92 \\ \hline 3.02 \end{array}$

④ $\begin{array}{r} 3.58 \\ -1.36 \\ \hline 2.22 \end{array}$　⑤ $\begin{array}{r} 6.02 \\ -2.89 \\ \hline 3.13 \end{array}$　⑥ $\begin{array}{r} 8.23 \\ -7.47 \\ \hline 0.76 \end{array}$

⑦ $\begin{array}{r} 10.43 \\ -\ 2.46 \\ \hline 7.97 \end{array}$　⑧ $\begin{array}{r} 19.04 \\ -\ 7.97 \\ \hline 11.07 \end{array}$　⑨ $\begin{array}{r} 30.12 \\ -19.54 \\ \hline 10.58 \end{array}$

⑩ $\begin{array}{r} 51.28 \\ -24.73 \\ \hline 26.55 \end{array}$　⑪ $\begin{array}{r} 87.31 \\ -68.2 \\ \hline 19.11 \end{array}$　⑫ $\begin{array}{r} 74.05 \\ -59.7 \\ \hline 14.35 \end{array}$

⑬ $\begin{array}{r} 1.084 \\ -0.475 \\ \hline 0.609 \end{array}$　⑭ $\begin{array}{r} 5.207 \\ -3.463 \\ \hline 1.744 \end{array}$　⑮ $\begin{array}{r} 8.112 \\ -7.985 \\ \hline 0.127 \end{array}$

⑯ $\begin{array}{r} 11.002 \\ -\ 8.875 \\ \hline 2.127 \end{array}$　⑰ $\begin{array}{r} 34.726 \\ -28.932 \\ \hline 5.794 \end{array}$　⑱ $\begin{array}{r} 83.201 \\ -64.202 \\ \hline 18.999 \end{array}$

⑲ $\begin{array}{r} 9.273 \\ -5.46 \\ \hline 3.813 \end{array}$　⑳ $\begin{array}{r} 43.462 \\ -18.87 \\ \hline 24.592 \end{array}$

● **15 ページ**

1　①0.66　②1.34　③6.01　④18.07
⑤30.005　⑥6　⑦3.168　⑧1
⑨13.706　⑩0.03　⑪2.25　⑫3.95
⑬3.46　⑭54.82　⑮0.34　⑯12.44
⑰0.068　⑱0.228　⑲1.992　⑳6.067

● **16 ページ**

1　①0.67　②1　③6.14　④6.05
⑤17.52　⑥26.06　⑦3.141　⑧10.34
⑨0.166　⑩0.4　⑪2.62　⑫0.78
⑬0.97　⑭42.53　⑮36.47　⑯2.75
⑰3.288　⑱2.717　⑲1.986　⑳14.586

● **17 ページ**

1　①$3\frac{3}{8}$　②$3\frac{6}{10}$　③2　④$2\frac{7}{9}$　⑤$5\frac{3}{4}$
⑥$3\frac{2}{5}$　⑦$1\frac{1}{7}$　⑧$1\frac{2}{3}$

2 ①0.15　②0.54　③0.24　④0.48
⑤52.31　⑥13.3　⑦11.505　⑧8.52
⑨2.87　⑩1.495

●18 ページ

1 ①$2\frac{3}{6}$　②$\frac{3}{8}$　③3　④$2\frac{6}{7}$　⑤$6\frac{6}{9}$
⑥$4\frac{1}{3}$　⑦$1\frac{1}{4}$　⑧$\frac{6}{10}$

2 ①0.075　②1　③0.016　④1.001
⑤10.23　⑥17.02　⑦18.07　⑧23.78
⑨2.75　⑩6.768

●19 ページ

□内　①十　②5400　③2900　④8300
⑤百　⑥5000　⑦3000　⑧8000

●20 ページ

1 ①8800　②7300　③13400
④11100　⑤88700

チェックポイント　百の位(くらい)までのがい数で求(もと)めるときは，それぞれの数を十の位で四捨五入(ししゃごにゅう)します。

計算のしかた

①3823 → 3800，5044 → 5000 だから，
3800+5000=8800
②4846 → 4800，2478 → 2500 だから，
4800+2500=7300
③6218 → 6200，7241 → 7200 だから，
6200+7200=13400
④8497 → 8500，2568 → 2600 だから，
8500+2600=11100
⑤28471 → 28500，60213 → 60200
だから，28500+60200=88700

2 ①4000　②64000　③81000
④107000　⑤649000

チェックポイント　千の位までのがい数で求めるときは，それぞれの数を百の位で四捨五入します。

計算のしかた

①2536 → 3000，1493 → 1000 だから，
3000+1000=4000
②47689 → 48000，15768 → 16000
だから，48000+16000=64000
③28506 → 29000，52193 → 52000
だから，29000+52000=81000
④50244 → 50000，56927 → 57000
だから，50000+57000=107000
⑤453688 → 454000，
194563 → 195000 だから，
454000+195000=649000

●21 ページ

□内　①十　②6500　③4800　④1700
⑤百　⑥6000　⑦5000　⑧1000

●22 ページ

1 ①3300　②1400　③2100　④26400
⑤20900

計算のしかた

①3569 → 3600，287 → 300 だから，
3600−300=3300
②4335 → 4300，2946 → 2900 だから，
4300−2900=1400
③3152 → 3200，1085 → 1100 だから，
3200−1100=2100
④27840 → 27800，1418 → 1400
だから，27800−1400=26400
⑤89113 → 89100，68242 → 68200
だから，89100−68200=20900

2 ①1000　②38000　③468000
④297000　⑤360000

計算のしかた

①8126 → 8000，6658 → 7000 だから，
8000−7000=1000
②74460 → 74000，36124 → 36000
だから，74000−36000=38000
③493191 → 493000，
24560 → 25000 だから，
493000−25000=468000

④316794 → 317000,
19833 → 20000 だから,
317000−20000=297000
⑤724920 → 725000,
365140 → 365000 だから,
725000−365000=360000

●23 ページ

1 ①7800 ②2300 ③84500
④94200 ⑤92500

2 ①4000 ②1500 ③52600
④46700 ⑤37000

●24 ページ

1 ①37000 ②156000 ③86000
④563000 ⑤979000

2 ①20000 ②69000 ③19000
④26000 ⑤87000

●25 ページ

□内 ①2けた ②6000 ③1000
④6000000 ⑤3けた ⑥6500
⑦1400 ⑧9100000

●26 ページ

1 ①80000 ②280000 ③1800000
④3000000 ⑤72000000
⑥10000000 ⑦540000000

チェックポイント かけられる数もかける数も上から2けた目を四捨五入(ししゃごにゅう)して，上から1けたのがい数にしてから計算します。

計算のしかた

①189 → 200，423 → 400 だから，
200×400=80000
②691 → 700，403 → 400 だから，
700×400=280000
③5748 → 6000，345 → 300 だから，
6000×300=1800000
④263 → 300，9863 → 10000 だから，
300×10000=3000000
⑤8551 → 9000，7949 → 8000 だから，
9000×8000=72000000
⑥2359 → 2000，5241 → 5000 だから，
2000×5000=10000000
⑦60933 → 60000，9148 → 9000
だから，60000×9000=540000000

2 ①14000000 ②24000000
③4100000000

チェックポイント かけられる数もかける数も上から3けた目を四捨五入して，上から2けたのがい数にしてから計算します。

計算のしかた

①5605 → 5600，2467 → 2500 だから，
5600×2500=14000000
②7460 → 7500，3241 → 3200 だから，
7500×3200=24000000
③49635 → 50000，81565 → 82000
だから，50000×82000=4100000000

●27 ページ

□内 ①2けた ②9000 ③200 ④45
⑤3けた ⑥8800 ⑦220 ⑧40

●28 ページ

1 ①3 ②2 ③16 ④30 ⑤5 ⑥100
⑦15

チェックポイント わられる数もわる数も上から2けた目を四捨五入(ししゃごにゅう)して，上から1けたのがい数にしてから計算します。

計算のしかた

①619 → 600，174 → 200 だから，
600÷200=3
②375 → 400，163 → 200 だから，
400÷200=2
③7853 → 8000，487 → 500 だから，
8000÷500=16
④9048 → 9000，292 → 300 だから，
9000÷300=30
⑤5313 → 5000，1051 → 1000 だから，
5000÷1000=5
⑥82941 → 80000，826 → 800 だから，
80000÷800=100

⑦29310 → 30000，1580 → 2000
だから，30000÷2000=15

2 ①25 ②20 ③25

チェックポイント わられる数もわる数も上から3けた目を四捨五入して，上から2けたのがい数にしてから計算します。

計算のしかた

①7543 → 7500，298 → 300 だから，
7500÷300=25

②46119 → 46000，2292 → 2300
だから，46000÷2300=20

③90301 → 90000，3554 → 3600
だから，90000÷3600=25

●29ページ

1 ①240000 ②3 ③1000000 ④20
⑤5000000 ⑥12 ⑦54000000

2 ①28000000 ②20 ③95000000
④19

●30ページ

1 ①360000 ②5 ③900000 ④10
⑤8000000 ⑥14 ⑦630000000

2 ①23000000 ②2 ③440000000
④35

●31ページ

1 ①5700 ②5400 ③169200 ④9100
⑤100000 ⑥154000

2 ①120000 ②4 ③4500000 ④25

●32ページ

1 ①13600 ②2400 ③66100
④11700 ⑤1029000 ⑥27000

2 ①420000 ②3 ③180000000
④20

●33ページ

□内 ①1.23 ②0.29 ③2.35 ④0.91

●34ページ

1 ①7.74 ②4.661 ③6.5 ④4.08
⑤2.37 ⑥2.447 ⑦3.08 ⑧0.979
⑨0.76 ⑩0.157

チェックポイント 3つの小数のたし算・ひき算は，3つの整数のときと同じように，左から右へ順(じゅん)に計算します。
ただし，かっこがあるときは，かっこの中を先に計算します。

計算のしかた

① $\begin{array}{r} 5.49 \\ +0.88 \\ \hline 6.37 \end{array} \rightarrow \begin{array}{r} 6.37 \\ +1.37 \\ \hline 7.74 \end{array}$

② $\begin{array}{r} 0.796 \\ +0.98 \\ \hline 1.776 \end{array} \rightarrow \begin{array}{r} 1.776 \\ +2.885 \\ \hline 4.661 \end{array}$

③ $\begin{array}{r} 7.26 \\ -3.45 \\ \hline 3.81 \end{array} \rightarrow \begin{array}{r} 3.81 \\ +2.69 \\ \hline 6.50 \end{array}$

④ $\begin{array}{r} 3.000 \\ -1.775 \\ \hline 1.225 \end{array} \rightarrow \begin{array}{r} 1.225 \\ +2.855 \\ \hline 4.080 \end{array}$

⑤ $\begin{array}{r} 3.42 \\ +6.58 \\ \hline 10.00 \end{array} \rightarrow \begin{array}{r} 10.00 \\ -7.63 \\ \hline 2.37 \end{array}$

⑥ $\begin{array}{r} 1.896 \\ +3.547 \\ \hline 5.443 \end{array} \rightarrow \begin{array}{r} 5.443 \\ -2.996 \\ \hline 2.447 \end{array}$

⑦ $\begin{array}{r} 5.00 \\ -1.34 \\ \hline 3.66 \end{array} \rightarrow \begin{array}{r} 3.66 \\ -0.58 \\ \hline 3.08 \end{array}$

⑧ $\begin{array}{r} 3.200 \\ -0.975 \\ \hline 2.225 \end{array} \rightarrow \begin{array}{r} 2.225 \\ -1.246 \\ \hline 0.979 \end{array}$

⑨ $\begin{array}{r} 2.48 \\ +3.76 \\ \hline 6.24 \end{array} \rightarrow \begin{array}{r} 7.00 \\ -6.24 \\ \hline 0.76 \end{array}$

⑩ $\begin{array}{r} 0.573 \\ +0.59 \\ \hline 1.163 \end{array} \rightarrow \begin{array}{r} 1.320 \\ -1.163 \\ \hline 0.157 \end{array}$

●35ページ

□内 ①28 ②8 ③58 ④8 ⑤47
⑥7 ⑦4 ⑧4.788

●36ページ

1 ①1.4 ②6.9 ③0.72 ④0.8 ⑤26
⑥72 ⑦6.8 ⑧9

チェックポイント 0.1の何倍，または0.01の何倍かを考えて計算します。

計算のしかた

①0.7×2=0.1×14=1.4
②2.3×3=0.1×69=6.9
③0.18×4=0.01×72=0.72
④0.16×5=0.01×80=0.8
⑤1.3×20=0.1×260=26
⑥2.4×30=0.1×720=72
⑦0.17×40=0.01×680=6.8
⑧0.18×50=0.01×900=9

2 ①16.8 ②45.6 ③1.33 ④4.14
⑤28.92 ⑥38.96 ⑦47.4 ⑧0.978
⑨3.558 ⑩6.363 ⑪11.256 ⑫78.28

チェックポイント (小数)×(1けた)の筆算では，はじめは小数点を考えないで整数と同じように計算し，積の小数点をかけられる数の小数点にそろえてうちます。

計算のしかた

```
①   2.8    ②   5.7    ③   0.19
  ×  6       ×  8       ×    7
  ----       ----       ------
  16.8       45.6        1.33

④  0.46    ⑤  7.23    ⑥  4.87
  ×   9      ×   4      ×   8
  -----      -----      -----
   4.14      28.92      38.96

⑦  9.48    ⑧  0.326   ⑨  0.593
  ×   5      ×    3     ×    6
  -----      ------     ------
  47.40       0.978      3.558

⑩  0.707   ⑪  2.814   ⑫  9.785
  ×    9     ×    4     ×    8
  ------     ------     ------
   6.363     11.256     78.280
```

●37ページ

1 ①2.7 ②0.21 ③0.03 ④56 ⑤1.8
⑥0.4 ⑦5.2 ⑧0.48 ⑨0.96 ⑩0.085
⑪30 ⑫7.8

2 ①7.9 ②0.85 ③0.7 ④2.46
⑤5.665 ⑥8.816

●38ページ

1 ①8.81 ②8.831 ③4.365 ④7.493

2 ①1.054 ②3.329

3 ①19.5 ②58.8 ③2.7 ④7.02
⑤13.76 ⑥64.48 ⑦0.876 ⑧5.094
⑨13.8

●39ページ

□内 ①7 ②2506 ③4 ④1432
⑤小数点 ⑥168.26

●40ページ

1 ①51.3 ②3.9 ③0.368 ④95.2
⑤436.6 ⑥11.02 ⑦41.04 ⑧5.184
⑨5.568 ⑩2203.4 ⑪451.44
⑫13.312 ⑬79.815 ⑭192.504
⑮1917.12

チェックポイント (小数)×(2けた)の筆算では，かける数の一の位から先に計算し，次に，かける数の十の位を計算します。積の小数点を，かけられる数の小数点にそろえてうつことをわすれないよう注意します。

計算のしかた

```
①   0.9    ②  0.06    ③  0.004
  × 57       ×  65      ×    92
  ----       -----      -------
    63         30            8
   45         36           36
  ----       -----      -------
  51.3        3.90        0.368

④   3.4    ⑤    7.4   ⑥   0.29
  × 28        × 59      ×   38
  ----       -----      ------
   272        666         232
   68        370          87
  ----       -----      ------
  95.2       436.6       11.02

⑦  0.57    ⑧  0.064   ⑨  0.087
  ×  72      ×    81    ×    64
  -----      ------     ------
    114          64        348
   399         512        522
  -----      ------     ------
  41.04       5.184      5.568
```

⑩
```
   47.9
 ×   46
  2874
 1916
 2203.4
```

⑪
```
   7.92
 ×   57
   5544
 3960
 451.44
```

⑫
```
  0.208
 ×    64
    832
  1248
 13.312
```

⑬
```
  0.939
 ×    85
   4695
  7512
 79.815
```

⑭
```
    2.468
 ×     78
    19744
   17276
  192.504
```

⑮
```
    19.97
 ×     96
    11982
   17973
  1917.12
```

●41 ページ

□内　①0　②6　③5　④7　⑤0.04　⑥0.67

●42 ページ

1　①0.2　②0.6　③0.04　④0.04　⑤0.009　⑥0.003

2　①5.8　②5.4　③8.7　④6.8 あまり 0.3　⑤9.2 あまり 0.5　⑥2.7 あまり 0.1

> **チェックポイント**　(小数)÷(1 けた) の筆算では，次の㋐，㋑に注意します。
> ㋐商の小数点は，わられる数の小数点にそろえてうつ。
> ㋑あまりの小数点は，わられる数の小数点にそろえてうつ。

計算のしかた

①
```
      5.8
 3 ) 17.4
     15
      24
      24
       0
```

②
```
      5.4
 8 ) 43.2
     40
      32
      32
       0
```

③
```
      8.7
 9 ) 78.3
     72
      63
      63
       0
```

④
```
      6.8
 4 ) 27.5
     24
      35
      32
      0.3
```

⑤
```
      9.2
 7 ) 64.9
     63
      19
      14
      0.5
```

⑥
```
      2.7
 5 ) 13.6
     10
      36
      35
      0.1
```

3　①0.82　②0.88 あまり 0.03　③7.08 あまり 0.06

計算のしかた

①
```
      0.82
 7 ) 5.74
     56
      14
      14
       0
```

②
```
      0.88
 8 ) 7.07
     64
      67
      64
     0.03
```

③
```
       7.08
 7 ) 49.62
     49
       62
       56
     0.06
```

●43 ページ

1　①2　②3.4　③52.6　④12　⑤164　⑥689.5

2　①7.2　②3.57　③496.4　④15.58　⑤38.496　⑥129.767

3　①5.9 あまり 0.2　②14.9 あまり 0.1　③48.2 あまり 0.4

●44 ページ

1　①30.6　②0.765　③36.58　④2.496　⑤607.36　⑥5393.72

2　①0.3　②1.9　③0.02　④0.09　⑤0.003　⑥0.004

3　①1.45 あまり 0.03　②0.36 あまり 0.07　③11.89 あまり 0.01

●45 ページ

1　①6.55　②3.81　③1.45　④10.56　⑤10.77　⑥3.131

2　①1.2　②39.6　③27.2　④2.8　⑤46　⑥2.48　⑦50.67　⑧2.512　⑨27.114

3　①9.2 あまり 0.1　②8.2 あまり 0.5　③144.2 あまり 0.4

●46 ページ

1　①512.4　②38.16　③88.56　④23.478　⑤1617　⑥177.441

2　①0.3　②0.8　③0.07　④0.04　⑤0.003　⑥0.007

3　①0.59 あまり 0.01　②0.86 あまり 0.06　③23.28 あまり 0.02

●47ページ

□内　①一　②4　③29　④5　⑤3.5
⑥4.5

●48ページ

1　①0.1　②0.6　③0.03　④0.09

2　①0.8　②0.7　③2.7　④0.6あまり3.8
⑤5.1あまり1.6　⑥7.3あまり2.6

チェックポイント　(小数)÷(2けた)の筆算では，商を立てる位(くらい)と，次の㋐，㋑に注意します。
㋐商の小数点は，わられる数の小数点にそろえてうつ。
㋑あまりの小数点は，わられる数の小数点にそろえてうつ。

計算のしかた

①
0.8
13)10.4
104
0

②
0.7
73)51.1
511
0

③
2.7
45)121.5
90
315
315
0

④
0.6
58)38.6
348
3.8

⑤
5.1
27)139.3
135
43
27
1.6

⑥
7.3
36)265.4
252
134
108
2.6

3　①0.54　②3.47あまり0.13
③8.05あまり0.42

計算のしかた

①
0.54
67)36.18
335
268
268
0

②
3.47
17)59.12
51
81
68
132
119
0.13

③
8.05
52)419.02
416
302
260
0.42

●49ページ

□内　①2　②3　③2　④6　⑤5
⑥2.25

●50ページ

1　①1.25　②1.6　③1.125　④3.5
⑤4.75　⑥10.5　⑦3.9　⑧1.5625
⑨2.375　⑩28.25　⑪32.5　⑫12.75

チェックポイント　わり算では，わられる数の最後(さいご)に0をつけたすと計算を続けることができます。

計算のしかた

①
1.25
4)5
4
10
8
20
20
0

②
1.6
5)8
5
30
30
0

③
1.125
8)9
8
10
8
20
16
40
40
0

④
3.5
4)14
12
20
20
0

⑤
4.75
8)38
32
60
56
40
40
0

⑥
10.5
6)63
6
30
30
0

⑦
3.9
20)78
60
180
180
0

⑧
1.5625
16)25
16
90
80
100
96
40
32
80
80
0

⑨
2.375
32)76
64
120
96
240
224
160
160
0

⑩
28.25
4)113
8
33
32
10
8
20
20
0

⑪
32.5
8)260
24
20
16
40
40
0

⑫
12.75
56)714
56
154
112
420
392
280
280
0

●51 ページ

1 ①0.4　②0.9　③0.06　④0.09

2 ①2.9 あまり 0.9　②1.1 あまり 2.5
③2.5 あまり 1.9　④0.6 あまり 1.3
⑤0.6 あまり 4　⑥13.4 あまり 4.2

3 ①0.35 あまり 0.18　②0.30 あまり 0.15
③7.95 あまり 0.52

●52 ページ

1 ①0.6 あまり 0.2　②4.2 あまり 0.9
③2.7 あまり 4.9

2 ①0.07 あまり 0.06　②2.82 あまり 0.16
③5.41 あまり 0.27

3 ①0.5　②12.5　③0.4　④0.75
⑤77.875　⑥33.44

●53 ページ

□内　①4　②5　③3　④8　⑤5
⑥4.35

●54 ページ

1 ①0.7　②0.32　③0.2375　④6.45
⑤0.3925　⑥2.74　⑦30.85　⑧15.62
⑨48.3　⑩263.5　⑪2.87　⑫203.4

チェックポイント　わり算では，わられる数の最後(さいご)に0をつけたすと計算を続けることができます。

計算のしかた

①
0.7
6)4.2
42
0

②
0.32
5)1.6
15
10
10
0

③
0.2375
16)3.8
32
60
48
120
112
80
80
0

④
6.45
8)51.6
48
36
32
40
40
0

⑤
0.3925
12)4.71
36
111
108
30
24
60
60
0

⑥
2.74
30)82.2
60
222
210
120
120
0

⑦
30.85
4)123.4
12
34
32
20
20
0

⑧
15.62
6)93.72
6
33
30
37
36
12
12
0

⑨
48.3
14)676.2
56
116
112
42
42
0

⑩
263.5
9)2371.5
18
57
54
31
27
45
45
0

⑪
```
      2.87
35)100.45
    70
    304
    280
     245
     245
       0
```

⑫
```
      203.4
13)2644.2
   26
     44
     39
      52
      52
       0
```

●55 ページ

□内 ①$\frac{1}{100}$ ②7.4 ③$\frac{1}{1000}$ ④7.43

●56 ページ

1 ①3.9 ②8.5 ③1.2 ④0.8 ⑤2.8 ⑥11.2

チェックポイント $\frac{1}{10}$の位(くらい)までのがい数で商を求(もと)めるには，$\frac{1}{100}$の位を四捨五入(ししゃごにゅう)します。

計算のしかた

①
```
     9
   3.85
7)27
  21
   60
   56
    40
    35
     5
```

②
```
   8.54
9)76.9
  72
   49
   45
    40
    36
     4
```

③
```
       2
    1.16
90)105
    90
    150
     90
     600
     540
      60
```

④
```
       8
    0.78
19)14.92
   133
    162
    152
     10
```

⑤
```
     2.83
84)237.9
   168
    699
    672
     270
     252
      18
```

⑥
```
         2
     11.17
37)413.6
   37
    43
    37
     66
     37
     290
     259
      31
```

2 ①1.33 ②5.41 ③1.08 ④1.03 ⑤0.10 ⑥5.35

チェックポイント $\frac{1}{100}$の位までのがい数で商を求めるには，$\frac{1}{1000}$の位を四捨五入します。

計算のしかた

①
```
   1.333
6)8
  6
  20
  18
   20
   18
    20
    18
     2
```

②
```
   5.411
9)48.7
  45
   37
   36
    10
     9
    10
     9
     1
```

③
```
    1.084
90)97.6
   90
    760
    720
     400
     360
      40
```

④
```
        3
    1.029
34)35
   34
    100
     68
     320
     306
      14
```

⑤
```
     10
    0.098
89)8.776
   801
    766
    712
     54
```

⑥
```
          5
     5.347
97)518.7
   485
    337
    291
     460
     388
      720
      679
       41
```

●57 ページ

1 ①0.65 ②0.245 ③6.975

2 ①28.3 ②6.1 ③1.3

3 ①8.68 ②1.21 ③14.37

●58 ページ

1 ①64.95 ②0.655 ③58.285

2 ①5.4 ②8.4 ③75.9

3 ①0.38 ②9.47 ③35.94

●**59 ページ**

1 ①0.006 ②0.0008 ③0.6 ④0.08

2 ①0.34 ②8.6 ③0.954 ④0.62
⑤1.7 ⑥5.46

3 ①1.1 あまり 3.3 ②0.748 ③16.63

●**60 ページ**

1 ①0.009 ②0.0009 ③0.6 ④0.07

2 ①0.96 ②5.6 ③3.57

3 ①0.7 あまり 0.7 ②8.28 あまり 0.25
③5.965 ④68.80

進級テスト (1)

●**61 ページ**

1 ①$1\frac{3}{7}$ ②$3\frac{3}{4}$ ③4 ④$5\frac{2}{9}$ ⑤$\frac{2}{5}$

⑥$2\frac{3}{10}$ ⑦$3\frac{4}{6}$ ⑧$\frac{1}{2}$ ⑨0.13 ⑩0.52

⑪1.53 ⑫3.746 ⑬14.4 ⑭3.05

計算のしかた

①$\frac{6}{7}+\frac{4}{7}=\frac{10}{7}=1\frac{3}{7}$

③$2\frac{3}{8}+1\frac{5}{8}=(2+1)+\left(\frac{3}{8}+\frac{5}{8}\right)=3+\frac{8}{8}$
$=3+1=4$

④$1\frac{7}{9}+3\frac{4}{9}=(1+3)+\left(\frac{7}{9}+\frac{4}{9}\right)=4+\frac{11}{9}$
$=4\frac{11}{9}=5\frac{2}{9}$

⑤$1\frac{1}{5}-\frac{4}{5}=\frac{6}{5}-\frac{4}{5}=\frac{2}{5}$

⑥$4\frac{3}{10}-2=(4-2)+\frac{3}{10}=2+\frac{3}{10}=2\frac{3}{10}$

⑦$5\frac{2}{6}-1\frac{4}{6}=4\frac{8}{6}-1\frac{4}{6}=(4-1)+\left(\frac{8}{6}-\frac{4}{6}\right)$
$=3+\frac{4}{6}=3\frac{4}{6}$

⑧$3-2\frac{1}{2}=2\frac{2}{2}-2\frac{1}{2}=(2-2)+\left(\frac{2}{2}-\frac{1}{2}\right)$
$=\frac{1}{2}$

⑨0.06+0.07 → 0.01 が (6+7) こ
→ 0.01 が 13 こ → 0.13

⑩0.76−0.24 → 0.01 が (76−24) こ
→ 0.01 が 52 こ → 0.52

⑪
$$\begin{array}{r} 0.547 \\ +\,0.983 \\ \hline 1.530 \end{array}$$

⑫
$$\begin{array}{r} 6.114 \\ -\,2.368 \\ \hline 3.746 \end{array}$$

⑬
$$\begin{array}{r} 2.84 \\ +\,6.97 \\ \hline 9.81 \end{array} \rightarrow \begin{array}{r} 9.81 \\ +\,4.59 \\ \hline 14.40 \end{array}$$

⑭
$$\begin{array}{r} 2.357 \\ +\,4.593 \\ \hline 6.950 \end{array} \rightarrow \begin{array}{r} 10.00 \\ -\,6.95 \\ \hline 3.05 \end{array}$$

2 ①92100 ②26000

計算のしかた

①57683 → 57700,
34391 → 34400 だから,
57700+34400=92100

②83749 → 83700,
57673 → 57700 だから,
83700−57700=26000

3 ①100000000 ②16

計算のしかた

①21896 → 20000, 4618 → 5000
だから, 20000×5000=100000000

②75962 → 80000, 4986 → 5000
だから, 80000÷5000=16

●62 ページ

4 ①0.63 ②9 ③690 ④1.6 ⑤0.7
⑥0.08

計算のしかた

①0.09×7=0.01×63=0.63

②0.15×60=0.01×900=9

③2.3×300=0.1×6900=690

④
```
   1.6
5)8
  5
  30
  30
   0
```

⑤
```
     0.7
90)630
   630
     0
```

⑥
```
     0.08
70)5.60
   560
     0
```

5 ①4.16 ②13.272 ③265.2 ④4.6
⑤8.27 ⑥0.84 ⑦54.9 あまり 3.8
⑧28.23 あまり 0.07 ⑨0.67

計算のしかた

①
```
  0.52
×    8
  4.16
```

②
```
 1.896
×    7
13.272
```

③
```
   4.08
×    65
  2040
 2448
 265.20
```

④
```
   4.6
7)32.2
  28
   42
   42
    0
```

⑤
```
     8.27
52)430.04
   416
    140
    104
     364
     364
       0
```

⑥
```
     0.84
25)21
   200
    100
    100
      0
```

⑦
```
      54.9
87)4780.1
   435
    430
    348
     821
     783
     3.8
```

⑧
```
   28.23
9)254.14
  18
   74
   72
    21
    18
     34
     27
    0.07
```

⑨
```
    0.673
76)51.2
   456
    560
    532
     280
     228
      52
```

進級テスト(2)

●63ページ

1 ① $\frac{3}{5}$　② $1\frac{2}{4}$　③ $1\frac{5}{6}$　④ $\frac{1}{3}$　⑤ $1\frac{6}{9}$

⑥ $3\frac{4}{7}$　⑦ $\frac{2}{9}$　⑧ $\frac{7}{8}$　⑨ 0.6　⑩ 1.65

⑪ 10　⑫ 26.75　⑬ 3.533　⑭ 4.22

計算のしかた

② $2-\frac{2}{4}=1\frac{4}{4}-\frac{2}{4}=1+\left(\frac{4}{4}-\frac{2}{4}\right)=1+\frac{2}{4}$

$=1\frac{2}{4}$

③ $1\frac{4}{6}+\frac{1}{6}=1+\left(\frac{4}{6}+\frac{1}{6}\right)=1+\frac{5}{6}=1\frac{5}{6}$

⑤ $6\frac{6}{9}-5=(6-5)+\frac{6}{9}=1+\frac{6}{9}=1\frac{6}{9}$

⑥ $2\frac{3}{7}+1\frac{1}{7}=(2+1)+\left(\frac{3}{7}+\frac{1}{7}\right)=3+\frac{4}{7}=3\frac{4}{7}$

⑦ $1\frac{1}{9}-\frac{8}{9}=\frac{10}{9}-\frac{8}{9}=\frac{2}{9}$

⑧ $4\frac{2}{8}-3\frac{3}{8}=3\frac{10}{8}-3\frac{3}{8}$

$=(3-3)+\left(\frac{10}{8}-\frac{3}{8}\right)=\frac{7}{8}$

⑨ 0.36+0.24 → 0.01 が (36+24) こ
→ 0.01 が 60 こ → 0.6

⑩ 2−0.35 → 0.01 が (200−35) こ
→ 0.01 が 165 こ → 1.65

⑪
$$\begin{array}{r} 7.92 \\ +\,2.08 \\ \hline 10.00 \end{array}$$

⑫
$$\begin{array}{r} 45.69 \\ -\,18.94 \\ \hline 26.75 \end{array}$$

⑬
$$\begin{array}{r} 4.283 \\ +\,1.35 \\ \hline 5.633 \end{array} \rightarrow \begin{array}{r} 5.633 \\ -\,2.1 \\ \hline 3.533 \end{array}$$

⑭
$$\begin{array}{r} 4.00 \\ -\,1.97 \\ \hline 2.03 \end{array} \rightarrow \begin{array}{r} 6.25 \\ -\,2.03 \\ \hline 4.22 \end{array}$$

2 ① 100000　② 673000

計算のしかた

① 53728 → 54000,
45861 → 46000 だから,
54000+46000=100000

② 740825 → 741000,
68431 → 68000 だから,
741000−68000=673000

3 ① 560000　② 45

計算のしかた

① 683 → 700,
849 → 800 だから,
700×800=560000

② 86371 → 90000,
2465 → 2000 だから,
90000÷2000=45

●64ページ

4 ① 5.4　② 3.5　③ 470　④ 1.25　⑤ 0.7
⑥ 0.09

計算のしかた

① 0.6×9=0.1×54=5.4

② 0.05×70=0.01×350=3.5

③ 0.94×500=0.01×47000=470

④ $5 \div 4 = 1.25$
$$\begin{array}{r} 5 \\ 4 \\ \hline 10 \\ 8 \\ \hline 20 \\ 20 \\ \hline 0 \end{array}$$

⑤ $420 \div 60 = 0.7$
$$\begin{array}{r} 420 \\ 420 \\ \hline 0 \end{array}$$

⑥ $8.10 \div 90 = 0.09$
$$\begin{array}{r} 8.10 \\ 8.10 \\ \hline 0 \end{array}$$

5 ① 2.365　② 1663.2　③ 128.168
④ 1.2　⑤ 2.3　⑥ 27.425
⑦ 9.8 あまり 0.6　⑧ 0.71 あまり 0.5
⑨ 0.8

計算のしかた

①
$$\begin{array}{r} 0.473 \\ \times\quad 5 \\ \hline 2.365 \end{array}$$

②
$$\begin{array}{r} 26.4 \\ \times\ 63 \\ \hline 792 \\ 1584 \\ \hline 1663.2 \end{array}$$

③
$$\begin{array}{r} 1.732 \\ \times\ 74 \\ \hline 6928 \\ 12124 \\ \hline 128.168 \end{array}$$

④ $8.4 \div 7 = 1.2$
$$\begin{array}{r} 8.4 \\ 7 \\ \hline 14 \\ 14 \\ \hline 0 \end{array}$$

⑤ $34.5 \div 15 = 2.3$
$$\begin{array}{r} 34.5 \\ 30 \\ \hline 45 \\ 45 \\ \hline 0 \end{array}$$

```
⑥        27.425      ⑦      9.8
     24)658.2            7)69.2
        48                 63
        178                 62
        168                 56
         102                0.6
          96
           60
           48
           120
           120
             0

⑧        0.71        ⑨       0.83
     58)41.68           63)52.7
        406                504
         108                230
          58                189
         0.50                41
```